Leben LERNEN
Klett-Cotta

Zu diesem Buch

Das Konzept vom Beruf fürs Leben hat ausgedient. Die Arbeitswelt verändert sich in atemberaubendem Tempo – und mit ihr die Anpassungsforderungen an die Berufstätigen. Umso wichtiger wird es für die Lebenszufriedenheit jedes Einzelnen, die eigenen Kompetenzen in ihrem vollen Umfang zu kennen und gezielt zur beruflichen Weiterentwicklung einzusetzen. Coaches und psychologische Berater erhalten mit diesem Buch ein hervorragendes »Handwerkszeug«, um Menschen in ihrer kompetenz- und potenzialorientierten Karriereplanung zu unterstützen. Das Konzept mit dem Herzstück der »Kompetenzenbilanz«, das bereits seit vielen Jahren erfolgreich eingesetzt wird, vermittelt eine durchweg praxisbezogene Orientierungshilfe für unterschiedliche Laufbahnübergänge.

Die Reihe »Leben Lernen« stellt auf wissenschaftlicher Grundlage Ansätze und Erfahrungen moderner Psychotherapien und Beratungsformen vor; sie wendet sich an die Fachleute aus den helfenden Berufen, an psychologisch Interessierte und an alle nach Lösung ihrer Probleme Suchenden.

Alle Bücher aus der Reihe ›Leben Lernen‹ finden Sie unter:
www.klett-cotta.de/lebenlernen

Claas Triebel

Wer bin ich? Was kann ich? Was will ich?

Potenzialorientiertes Karrierecoaching

Klett-Cotta

Leben Lernen 333

MIX
Papier | Fördert gute Waldnutzung
FSC® C083411

Klett-Cotta
www.klett-cotta.de
J. G. Cotta'sche Buchhandlung Nachfolger GmbH
Rotebühlstraße 77, 70178 Stuttgart
Fragen zur Produktsicherheit: produktsicherheit@klett-cotta.de

Cover: Jutta Herden
unter Verwendung einer Abbildung von © Clarisse Croset on Unsplash
Gesetzt von Eberl & Koesel Studio, Kempten
Gedruckt und gebunden von CPI – Clausen & Bosse, Leck
ISBN 978-3-608-89279-6
E-Book-ISBN: 978-3-608-11878-0
PDF-ISBN: 978-3-608-20563-3

1. Nachdruck, 2025

Bibliografische Information der Deutschen Nationalbibliothek
Die Deutsche Nationalbibliothek verzeichnet diese Publikation in der Deutschen Nationalbibliografie; detaillierte bibliografische Daten sind im Internet über http://dnb.d-nb.de abrufbar.

Inhalt

Vorwort 9

1 Karrierecoaching und Potenzialorientierung 13

1.1 Kritische Laufbahnübergänge als Entwicklungsaufgaben 13
1.2 Berufliche Orientierung als Kulturtechnik und Grundrecht 17
1.2.1 Die Grundrechte 17
1.2.2 Was hat das jetzt mit Coaching zu tun? 21
1.3 Beschäftigungsfähigkeit – das Ziel des Karrierecoachings 24
1.3.1 Flexibilisierung der Arbeitswelt 24
1.3.2 Das Konzept der Beschäftigungsfähigkeit 25
1.3.3 Beschäftigungsfähigkeit in der Beratung 28
1.4 Warum ist es wichtig und auch schwierig, sich an Kompetenzen und Potenzialen zu orientieren? 30
1.5 Was sind Kompetenzen und wie kann ich sie entwickeln? Das SKATE-Modell 35
1.5.1 Hintergründe des Kompetenzbegriffs 35
1.5.2 Kompetenzdefinitionen: Zwischenstand 38
1.5.3 Das SKATE-Modell 39
1.6 Was bewirkt die Kompetenzenbilanz? 45
1.6.1 Die Studie 45
1.6.2 Zufriedenheit 46
1.6.3 Psychologische Wirksamkeit 47
1.6.4 Ergebnisse 47
1.6.5 Beschäftigungstage und Einkommen 51
1.6.6 Weitere Studien 51
1.7 Erleben – erkennen – wollen – machen 52
1.7.1 Warum wirkt die Kompetenzenbilanz? 52
1.7.2 Wirkprinzipien nach Klaus Grawe 53
1.7.3 Die Wirkprinzipien der Kompetenzenbilanz 58

2 Methode und Prozess des potenzialorientierten Karrierecoachings – Die Kompetenzenbilanz 59
2.1 Die Kompetenzenbilanz: Ablauf 59
2.1.1 Vorab: Auftragsklärung 66
2.1.2 Das Einführungsgespräch 70
2.2 Biografisches Arbeiten mit dem Lebensprofil – Erleben 76
2.2.1 Was ist das Lebensprofil? 76
2.2.2 Wirkungen des Lebensprofils 79
2.2.3 Das Lebensprofil besprechen 81
2.2.4 Wie lange spricht man über das Lebensprofil? 82
2.2.5 Eine Struktur finden 83
2.2.6 Wie bringt man die Erzählung in Gang? 84
2.2.7 Einen Abschluss finden 86
2.2.8 Noch ein paar Anmerkungen zum Biografischen Arbeiten 87
2.2.9 Über die Wirkung biografischen Erzählens 88
2.3 Fertigkeitenanalyse – Erkennen 90
2.3.1 Von der Emotion zur Kognition 90
2.3.2 Was ist an dieser Stelle mit »Fertigkeit« gemeint? 92
2.3.3 Ein paar Beispiele 93
2.3.4 Wie gehen wir in der Tätigkeitsanalyse vor? 95
2.3.5 Leitfragen 103
2.3.6 Schwierige Fälle 105
2.3.7 Arbeit mit der Mindmap-Methode 109
2.3.8 Welchen Umfang sollen die Tätigkeitsanalysen haben? 111
2.3.9 Effekte der Tätigkeitsanalyse 113
2.4 Kompetenzen erarbeiten – Erkennen/Wollen 116
2.4.1 Kompetenzen als Abrundung 116
2.4.2 Das Vorgehen 117
2.4.3 Kompetenzen kategorisieren 123
2.4.4 Werte 125
2.5 Kompetenzen belegen und argumentieren – Wollen 129
2.5.1 Warum ist es wichtig, Kompetenzen argumentativ begründen zu können? 129

2.5.2 Warum werden Kompetenzen nicht nach dem SKATE-Modell belegt? ... 137
2.6 Nächste Schritte und Ziele erarbeiten – Machen ... 138
2.6.1 Warum die nächsten Schritte so wichtig sind ... 138
2.6.2 Wie erarbeitet man nun nächste Schritte und Ziele? ... 142
2.7 Abschluss des Prozesses ... 145
2.8 Schriftliche Kompetenzenbilanz ... 148
2.8.1 Was ist die schriftliche Bilanz? ... 148
2.8.2 Deckblatt und Teilnahmebestätigung ... 148
2.8.3 Person ... 149
2.8.4 Perspektive ... 149
2.8.5 Kernkompetenzen ... 150
2.8.6 Abschluss ... 151
2.8.7 Noch ein paar Leitlinien für die schriftliche Kompetenzenbilanz ... 152
2.8.8 Nutzen einer schriftlichen Kompetenzenbilanz ... 156

3 Rolle der Coaches und Varianten des Karrierecoachings 162
3.1 Rolle der Coaches ... 162
3.1.1 Zwischen Prozessbegleitung und Experte ... 162
3.1.2 Die Haltung der Coaches ... 164
3.1.3 Coaches als dynamischer Bestandteil des Prozesses ... 168
3.2 Varianten ... 169
3.2.1 Gleiche Struktur – unterschiedliche Kontexte ... 169
3.2.2 Karriereocaching in der Gruppe ... 170
3.2.3 Beratung von Menschen mit Migrationshintergrund ... 172
3.2.4 Schüler und Jugendliche ... 175
3.2.5 Personalentwicklung ... 179
3.2.6 Teamentwicklung ... 182

4 Das Ende der Berufe ... 184

Literatur ... 193

Vorwort

Ich beschäftige mich bereits mein ganzes Berufsleben in der Psychologie mit dem Thema Kompetenzen. Mit den Fragen: Was sind Kompetenzen? Wie entwickelt man Kompetenzen? Und wie kann man Kompetenzen als Orientierungspunkte für die eigene Entwicklung nutzen?

Grob gesagt soll es darum auch in diesem Buch gehen. Nicht in erster Linie aus einer Selbsthilfeperspektive heraus, sondern aus der Perspektive des Coaches: Wie kann ich andere darin unterstützen, die eigenen Kompetenzen zu erkennen und diese Erkenntnis als Impuls und Motor für die Planung und Umsetzung nächster beruflicher Schritte zu nutzen? Kurz gesagt, um die Fragen zu klären: Wer bin ich? Was kann ich? Was will ich?

Aber natürlich kann man dieses Buch auch im Hinblick auf die eigene berufliche Orientierung und Positionierung lesen und die darin vorgestellten Übungen mit Gewinn an sich selbst vollziehen.

Im Zentrum meiner Ausführungen steht die Kompetenzenbilanz. Diese ist ein strukturierter Reflexions- und Coachingansatz, den ich im Jahr 2003 entwickelt habe, in erster Version damals unter Mitwirkung meines im Jahr 2012 verstorbenen Kollegen Thomas Lang-von Wins. Die Kompetenzenbilanz ist im Jahr 2003 im Auftrag des Tiroler Zukunftszentrums entwickelt worden. Das Zukunftszentrum war eine Einrichtung der Arbeiterkammer Tirol, des Landes Tirol und der Stadt Innsbruck und beschäftigte sich, kurz gesagt, mit Fragen zur Zukunft der Arbeit. Wie werden wir in Zukunft arbeiten? Wie werden Menschen mit dem damals bereits absehbaren, nicht mehr endenden Wandel umgehen? Und wie können sie darin unterstützt werden, diesen zu bewältigen? Dem Engagement des damaligen Geschäftsführers des Zukunftszentrums Tirol, Bertram Wolf, ist es zu verdanken, dass sich bereits vor 20 Jahren in Österreich eine kleine New-Work-Bewegung ausbildete. Und ich möchte das an dieser Stelle deshalb erwähnen, weil ich dieser Erfahrung sehr vieles in meinem Leben zu verdanken habe. Zukunft braucht Herkunft. Für meinen Entwicklungsweg und meine eigene Zukunft hat mir diese Erfahrung sehr viel gebracht, und so möchte ich es nicht versäumen, an dieser Stelle auch wieder Danke hierfür zu sagen.

Um die Jahrtausendwende war die Diskussion um Veränderungen in der Arbeitswelt noch von einer anderen Qualität als heute. Damals ging es, stark geprägt durch Bücher wie z. B. »Der flexible Mensch« des amerikanischen Soziologen Richard Sennett, um die soziologisch geprägte Diskussion, wie die sich durch Globalisierung und Liberalisierung verändernde Welt auf den Menschen auswirkt. Welche Unsicherheiten auf ihn zukommen; wie gewordene Strukturen erodieren und das Individuum in einer neuen Welt mehr oder weniger orientierungslos dastünde; das Individuum als Opfer der Verhältnisse. Arbeitsplatzsicherheit existiert nicht mehr. Seitdem gilt: Ich kann nicht mehr davon ausgehen, von der Ausbildung bis zur Rente denselben Arbeitsplatz innezuhaben oder auch denselben Beruf auszuüben. Es ergeben sich Patchwork-Biografien, die aus den unterschiedlichsten Flicken zusammengenäht werden, aus unterschiedlichsten beruflichen und privaten Identitäten. Es ist sinnvoll und wichtig, dass man dieses Patchwork gestaltet. Der Flickenteppich der eigenen Biografie sollte einem selbst gefallen, man sollte ihn proaktiv gestalten und nicht nur retrospektiv betrachten.

Wie aber kann das Individuum darin gestärkt werden, sich in einer unübersichtlich gewordenen Welt zurechtzufinden? Wie kann man Menschen darin unterstützen, diese Kompetenz zu entwickeln, die eigene Biografie in die Zukunft fortschreiben zu können? Wie kann man hierfür Maßnahmen finden, die das Individuum zu stärken helfen? Dies war die Anfrage, die damals an den Lehrstuhl für Organisations- und Wirtschaftspsychologie der LMU München und deren Inhaber Prof. Dr. Dr. h. c. mult. Lutz von Rosenstiel ging. Und dies gab mir, der ich gerade zum Thema Kompetenzen meine Diplomarbeit geschrieben hatte, die Möglichkeit, in sehr kurzer Zeit das zu entwickeln, was seitdem die Kompetenzenbilanz ist.

Die Kompetenzenbilanz ist, wie schon gesagt, ein Coachingprozess. Dieser folgt einer klaren Struktur, die dazu dient, aus der Biografie und der Erarbeitung zentraler und handlungsleitender Werte, aus der Feinanalyse von Tätigkeiten und Fertigkeiten des Coachees Kompetenzen zu erarbeiten. Auf der Grundlage dieser Kompetenzen entwickeln die Teilnehmenden Ziele und nächste Schritte, die sie in den Monaten nach der Kompetenzenbilanz in Angriff nehmen.

Seit dem Sommer 2003 war es über fünf Jahre hinweg möglich, gegen einen Selbstbehalt zwischen €100,– und €150,– ein Kompetenzenbilanz-Coaching in Anspruch zu nehmen. So konnten wir mit dieser Coaching-Maßnahme zunächst tausende Tiroler:innen erreichen, die sich mit ihrer beruflichen Zukunft beschäftigen wollten. Wir bildeten zahlreiche Coaches in Tirol aus und untersuchten systematisch die Wirkungsweise des Kompetenzenbilanz-Coachings. Dies ermöglichte uns, das Vorgehen zu optimieren. Wir konnten auf diese Weise außergewöhnlich umfangreiche Studien zur Wirkung von Coaching durchführen. Außerdem entwickelten wir Adaptionen der Kompetenzenbilanz für Jugendliche, für Gruppen und für Gründer:innen, sodass ein ganzer Methodenbaukasten von Karrierecoaching-Tools entstand. Als die Kooperation mit dem Zukunftszentrum aufgrund eines Geschäftsführerwechsels ein Ende fand, setzte ich die Arbeit mit der Kompetenzenbilanz in Deutschland fort.

Ich bildete fortan im gesamten deutschsprachigen Gebiet Kompetenzenbilanz-Coaches aus, leitete unterschiedliche, öffentlich geförderte Projekte im Auftrag von Bundes- und Landesministerien durch, arbeitete mit Schulen und Firmen zusammen, entwickelte eine Adaption der Kompetenzenbilanz für die Arbeit mit Migrant:innen, brachte die Kompetenzenbilanz in die Hochschullehre, veröffentlichte vieles, strengte zahlreiche Kooperationen an, erhielt Auszeichnungen für die Kompetenzenbilanz (z. B. 2017 die Auszeichnung in einer Studie der Stiftung Warentest als »Bestes Karrierecoaching Verfahren«) und natürlich sammelte ich immer weiter auch Erfahrungen als Coach und profitierte in der Fortbildung von Coaches durch die zahlreichen Erfahrungen der Teilnehmer:innen an den Fortbildungen.

Es hat sich inzwischen eine lebendige Szene von Kompetenzenbilanz-Coaches im ganzen deutschsprachigen Raum entwickelt, die in unterschiedlichen Kontexten arbeiten: in der Personalentwicklung, als freie Coaches, als Karriereberater:innen an Hochschulen, im Arbeitsmarktbereich. Überall da, wo Menschen sich die Frage stellen: »Wo geht die Reise eigentlich beruflich für mich weiter?«, kann die Kompetenzenbilanz wirksam und hilfreich sein.

Ich bin seit jeher mit dem Wissen und den Erfahrungen um die Kompetenzenbilanz sehr offen umgegangen. Das bringt es mit sich, dass es fast von Beginn an Nachahmer gab. Das werfe ich niemandem vor. Ich stehe mit den Vertretern dieser konkurrierenden Verfahren in kollegialem und auch freundschaftlichem Austausch. Auch für die Kompetenzenbilanz gab es in Form des französischen Bilan de Competence oder des Schweizer CH-Q Vorbilder. Es ist gesellschaftlich hoch sinnvoll, wenn möglichst viele Menschen wissen und sagen können, wer sie sind, was sie wollen und wie sie ihre berufliche Biografie in die Zukunft fortschreiben wollen. Deshalb halte ich den Aspekt der Konkurrenz in diesem Bereich für nebensächlich.

Dieses über mittlerweile 20 Jahre entstandene Wissen und die damit verbundenen Erfahrungen möchte ich in diesem Buch teilen. Dabei bildet die Kompetenzenbilanz den roten Faden, aber die vorgestellten Erfahrungen und Tools sind kein Geheimwissen, sondern sollen möglichst vielen Menschen zugänglich gemacht werden, um andere darin zu unterstützen, den eigenen Weg gehen zu können.

Dies ist also ein praxisbezogenes Buch. Die theoretischen Grundlagen der Kompetenzenbilanz und die zahlreichen Evaluationsstudien sind an anderer Stelle bereits ausführlich publiziert worden.

Bedanken möchte ich mich noch besonders bei meinem Freund und Kollegen Fabian Weiß, der seit Jahren vieles mit und rund um die Kompetenzenbilanz mitträgt und unzählige wertvolle Impulse gibt. Abgesehen davon danke ich auch allen Kompetenzenbilanz-Coaches, mit denen ich seit Jahren im Dialog bin und die durch ihr Tun ebenfalls einen großen Beitrag zur stetigen Weiterentwicklung leisten. Zu guter Letzt danke ich auch Christine Treml-Begemann, durch deren kundiges und behutsames Lektorat dieses Buch die vorliegende Form annahm.

Claas Triebel, im Winter 2021

KAPITEL 1

Karrierecoaching und Potenzialorientierung

1.1 Kritische Laufbahnübergänge als Entwicklungsaufgaben

Laufbahnübergänge stellen einen immer wieder vor wesentliche Herausforderungen, die mit dem Einkommen und auch mit der Frage nach der eigenen Identität zu tun haben: Wer bin ich? Was kann ich? Was will ich? Die Fragen, die diesem Buch ihren Titel geben, stellt man sich verstärkt in solchen Situationen.

Es gibt eine ganze Reihe von kritischen beruflichen Übergängen, z. B.:

- Übergang von der Schule zur ersten Ausbildung
- Übergang von der ersten Ausbildung in den ersten Erwerbsjob
- Verlust des Arbeitsplatzes – geplant, gewollt, ungewollt oder absehbar (etwa durch das Auslaufen einer befristeten Stelle)
- Wiedereinstieg nach einer Familienpause
- Reorganisation des Unternehmens oder der Arbeit gebenden Institution
- Übernahme einer neuen Position im selben Unternehmen
- Bewerbung auf eine neue Position in einem anderen Unternehmen
- Migration
- Ende der Erwerbsarbeit

Menschen haben an kritischen Laufbahnübergängen das Bedürfnis nach beruflicher Orientierung. Solche kritischen Laufbahnübergänge sind dadurch gekennzeichnet, dass

- viele Menschen aus demselben Kulturraum diese oder eine ähnliche Aufgabe ein- oder mehrmals im Leben bewältigen müssen,
- mehrere Optionen zur Gestaltung der eigenen beruflichen Zukunft zur Wahl stehen,
- das mehr oder weniger reibungslose Bewältigen des jeweiligen Übergangs wesentlichen Einfluss auf die weitere berufliche Entwicklung hat,
- Schwierigkeiten bei der Bewältigung dieser Aufgabe zu Selbstzweifeln führen.

Kritische Laufbahnübergänge berühren die Integrität der eigenen Identität. Ein kurzer Ausflug dazu in die Entwicklungspsychologie: Der Entwicklungspsychologe Robert Havighurst entwickelte 1948 das Konzept der Entwicklungsaufgaben. Entwicklungsaufgaben sind so etwas wie Meilensteine, die für bestimmte Lebensabschnitte oder deren Abschluss typisch sind. Wer diese Meilensteine meistert, empfindet darin Befriedigung und wird von seiner Umwelt als erfolgreich bestätigt. Wer an Entwicklungsaufgaben scheitert, hat Schwierigkeiten, auch die kommenden Meilensteine erfolgreich in Angriff zu nehmen. Entwicklungsaufgaben oder deren Beschaffenheit können von Generation zu Generation unterschiedlich sein. Ganz typische Entwicklungsaufgaben sind: Abschluss einer beruflichen Ausbildung, das Entwickeln einer beruflichen Identität, Wahl eines Partners, Gründung einer Familie und so weiter. Es wird schon deutlich, dass Entwicklungsaufgaben früher für eine Generation bindender waren, als das heute der Fall ist. Aber viele solcher klassischer Entwicklungsaufgaben sind den meisten Menschen präsent und sie empfinden es als normativ, sich mit diesen jeweils in einem passenden Alter auseinanderzusetzen. Das hat auch eine Berechtigung: Wer mit 30 Jahren noch immer keine berufliche Identität gefunden hat, bekommt meist ein Problem. Entwicklungsaufgaben wie die Gründung einer Familie sind dagegen heutzutage als längst nicht mehr so verbindlich zu sehen wie zur Zeit der Entwicklung des Konzepts im Jahr 1948.

Kritische Übergänge, an deren Bewältigung Personen scheitern können, definieren wir ebenfalls als Entwicklungsaufgaben. Sie stellen sich in einer flexibilisierten Arbeitswelt immer wieder bzw. werden uns gestellt: Wer die Entwicklungsaufgabe, einen Beruf zu erlernen und auszuüben, bewältigt hat, kann sich nicht darauf verlassen, dieser Aufgabe nicht noch mehrmals gegenüberzustehen. Wer sich beruflich neu orientiert, steht somit wieder vor einer Entwicklungsaufgabe, die er bereits einmal bewältigt zu haben glaubte und an der er auch scheitern kann. Die Frage nach der beruflichen Identität stellt sich neu.

Nicht jeder braucht an einem oder jedem dieser Übergänge Unterstützung durch einen Coach. Doch Coaching ist geeignet, für jeden dieser Übergänge hilfreich zu sein. Und jeder dieser Übergänge bezeichnet einen Punkt, an dem Menschen dabei scheitern können, ihre Freiheit im Sinne der freien Entfaltung der Persönlichkeit und der freien Wahl des Berufs und der Arbeitsstätte wahrzunehmen.

Ich will davon erzählen, welche Erfahrungen mir Menschen berichten, die vor einer solchen Situation stehen. Wie gehen Menschen mit dieser Situation um? Meine Beobachtungen wurden durch zahllose Schilderungen von Coaches, Lehrer:innen, Personalentwickler:innen bestätigt, und ich möchte sie hier durch eine fiktive Person sprechen lassen, die stellvertretend für viele der genannten Gruppierungen steht. In Erstgesprächen sind mir Schilderungen wie die folgende häufig begegnet:

> »Ich habe mich in letzter Zeit sehr viel im Internet umgesehen und dann habe ich meinen Lebenslauf aktualisiert und auf ein paar Portale hochgeladen. Ich habe außerdem mein LinkedIn-Profil aktualisiert. Dann kamen auch ein paar Jobvorschläge, aber ich weiß nicht, ob das das Richtige für mich ist. Mein letzter Job war schon in Ordnung, aber ich bin mir nicht sicher, ob ich das jetzt so auch die nächsten Jahre so machen will. Und ich weiß nicht genau, ob ich geeignet für etwas anderes bin. Eigentlich weiß ich gar nicht genau, was ich als Nächstes machen will.«

Nun unterliegt meine Erfahrung einem Selektionseffekt. Ich treffe auf viele Menschen, die gerade mit diesen Orientierungsfragen zu tun haben, bzw. führe viele Gespräche, in denen diese Thematik angesprochen wird. Aber auch aus privaten Gesprächen ist mir kaum jemand bekannt, der nicht schon ähnliche Überlegungen wie die eben geschilderten angestrengt hätte.

Kennzeichnend für diese Situation ist, dass sich Personen häufig in eine fast gänzlich passive Position begeben. Statt sich intensiv mit der Frage zu beschäftigen, was sie eigentlich wollen und können, geben sie diese Entscheidung mehr oder weniger kampflos nach außen und überlassen es dem Markt oder den Algorithmen von LinkedIn oder einer Jobplattform, einen passenden Job anzubieten.

Ganz unabhängig von der jeweils aktuellen Arbeitsmarktlage ist diese Lebenssituation immer eine Herausforderung. Wenn es wenige Jobs gibt, ist es wichtig, einen klaren Fokus darauf zu haben, wo man Chancen hat, die eigenen Kompetenzen in einen Job umzusetzen. Und in einem Arbeitnehmermarkt mit vielen Optionen ist es ebenfalls wesentlich, sich klarzumachen, welche dieser Optionen am besten oder zumindest gut zum Patchwork der eigenen Biografie passt.

Es geht also bei einer beruflichen Orientierung immer darum, herauszufinden, was man eigentlich will. Und dies herauszufinden ist schwierig. Arthur Schopenhauer drückte ein wesentliches Dilemma der Willensfreiheit mit dem Satz aus: »Der Mensch kann zwar tun, was er will, aber er kann nicht wollen, was er will.« Der willenlose Mensch ist in einer Welt voller Optionen aufgeschmissen. Er wirkt hilflos, kommt sich minderwertig vor, droht an Entwicklungsaufgaben zu scheitern oder zumindest zu straucheln.

Der freie menschliche Wille ist in den vergangenen Jahren aus hirnphysiologischer Hinsicht stark hinterfragt worden und die Behauptung seiner Existenz fast in Verruf geraten. Hirnscans zeigen, dass etwa der Wille, die Hand auszustrecken oder einen Gegenstand zu ergreifen, bereits im Hirn sichtbar ist, bevor er der untersuchten Person zu Bewusstsein kommt. Das mag zutreffen, aber es wäre zu weitgehend interpretiert, deshalb den Menschen mit all seinen Willensbekundungen als Reaktion auf die eigenen Hirnaktivitäten zu bezeichnen. Für die Lebensrealität ist diese Überlegung jedenfalls nicht sonderlich hilfreich – der freie Wille existiert zumindest per Übereinkunft. Weil Menschen ihn brauchen, um ihr Leben gestalten zu können und eben berufliche Orientierung zu finden. Ich lege diesen Gedanken deshalb an dieser Stelle zur Seite.

In der Psychologie beschäftigen sich einige Theorien mit der Frage, wie es vom Punkt der Willensbildung, also der kognitiven Formulierung eines Willens, zur tatsächlichen Umsetzung dieses Willens kommt. Das bekannte Rubikon-Modell von Gollwitzer (1995) beschreibt diesen Prozess.

Relativ wenig Forschung jedoch befasst sich mit der Frage, wo der Inhalt des Willens eigentlich herkommt. Wie kommt es, dass eine Person Astronaut werden möchte, sich eine andere für Krankenpflege begeistert, wieder eine andere Programmiererin wird und eine weitere Person Jurist:in oder Lehrer:in?

Im schlechtesten Fall haben diese Personen einfach getan, was von ihnen verlangt wurde oder was ihnen vorgeschlagen wurde – häufig ist dies der schlechteste Fall, nicht immer. Es gibt ja auch Menschen, die auf diese Weise an ihren Traumjob gelangt sind. Im besten Falle haben sie aufgrund der Kenntnis der eigenen Talente und Überzeugungen ein Feld gewählt, in welchem sie ihrer Erwartung nach wirksam sein können, in welchem sie die Möglichkeit erwarten, aus eigener Kraft glücklich zu werden. Und um solch eine bewusste Entscheidung treffen zu können, um einen solchen Willen zu entwickeln, brauchen wir in jeder der oben beschriebenen Situationen, in denen ein kritischer Laufbahnübergang stattfindet, einen Moment des Innehaltens und idealerweise auch ein Angebot zur Karriereberatung.

Man könnte noch weiter gehen und sagen: Es sollte eine Art Grundrecht auf Karriereberatung geben. Dieses Grundrecht lässt sich sogar argumentativ aus dem Grundgesetz ableiten.

1.2 Berufliche Orientierung als Kulturtechnik und Grundrecht

1.2.1 Die Grundrechte

Ich möchte an dieser Stelle einen kleinen Ausflug unternehmen und fragen: Wenn sich die Welt so drastisch verändert, wie ich es im vorangegangenen Kapitel kurz geschildert habe, wäre es dann nicht eine

Art Kulturtechnik, über die jede:r Bürger:in verfügen sollte, mit Veränderungen gut umzugehen? Mit Veränderungen umgehen – das ist es ja eigentlich, wozu Coaching, und insbesondere Karrierecoaching, befähigen soll. Sollte es deshalb vielleicht sogar so etwas wie ein Grundrecht auf Coaching geben? Theoretisch klingt das großartig. Vor allem für Coaches klingt das wie ein Schritt in Richtung Paradies. So etwas wie »Coaching auf Kasse«, als abrechenbare Leistung.

Allerdings ist das von der falschen Seite her gedacht. Es geht ja nicht um das Recht von Coaches auf Klient:innen, sondern auf das Recht von Menschen auf Coaching-Leistungen bzw. Unterstützung dabei, sich in einer verändernden Welt zurechtfinden zu können.

Ich will dazu ein wenig ausholen und zunächst einmal die Frage stellen: Was ist eigentlich ein Grundrecht? Im Grundgesetz für die Bundesrepublik Deutschland werden die Grundrechte im I. Abschnitt unter Artikel 1 bis 19 aufgeführt – bzw. werden diese Artikel im Alltagsgebrauch als Grundrechte bezeichnet. Da gibt es das *Recht auf freie Meinungsäußerung*, das *Recht auf Leben und körperliche Unversehrtheit*, den *Schutz der Menschenwürde* und noch einige mehr.

Es sind von Werten getragene Koordinaten für die operative Ausgestaltung des Staatswesens in Deutschland. Die Auslegung dieser Grundrechte ist immer wieder schwierig. Man muss zwischen dem Grundsatz, dem Willen der Gestalter der Grundrechte folgen zu wollen, und einer Anpassung an aktuelle Gegebenheiten abwägen. Noch im Jahr 1979 stellte beispielsweise das Bayerische Oberste Landesgericht fest, dass für Lehrer an Volksschulen ein »gewohnheitsmäßiges körperliches Züchtigungsrecht« bestehe. Erst 1980 wurde die Prügelstrafe an bayerischen Schulen abgeschafft. Heute scheint uns jegliche Körperstrafe selbstverständlich gegen die Grundrechte zu verstoßen. Es gibt mehrere solcher Beispiele: Man denke nur daran, dass Frauen in der Bundesrepublik Deutschland bis 1977 das Einverständnis ihres Ehemannes benötigten, um einer Erwerbsarbeit nachzugehen oder die Strafbarkeit von Homosexualität erst 1994 vollständig aufgehoben wurde.

Die Grundrechte bilden einen Rahmen, der vor dem jeweiligen Zeithintergrund immer wieder neu diskutiert werden muss. Sicher schwebte den Eltern der Verfassung kein Grundrecht auf Coaching vor. Coaching gab es zur Zeit des Verfassungskonvents ja noch gar nicht. Coaching kann allerdings notwendig werden, um die verfassungsmäßigen Grundrechte wahrnehmen zu können. Für die Fragestellung nach so etwas wie einem Grundrecht auf Coaching sind insbesondere Artikel 2 und 12 interessant:

> *Artikel 2, Absatz 1*: Jeder hat das Recht auf die freie Entfaltung seiner Persönlichkeit, soweit er nicht die Rechte anderer verletzt und nicht gegen die verfassungsmäßige Ordnung oder das Sittengesetz verstößt.

> *Artikel 12, Absatz 1*: Alle Deutschen haben das Recht, Beruf, Arbeitsplatz und Ausbildungsstätte frei zu wählen.

Das ist gut gedacht und schön gesagt. Die Frage ist jedoch, ob diese Rechte selbstverständlich von jeder Person in Deutschland wahrgenommen werden können. Artikel 2 zum Beispiel ist eine Art juristische Ausformulierung des Kategorischen Imperativs; in Alltagssprache: Was du nicht willst, das man dir tu, das füg auch keinem andern zu. Die Freiheit des Einzelnen soll nur durch die Freiheit der anderen beschränkt werden. Das Grundgesetz stellt jedoch nicht die Frage, wie es dem Einzelnen überhaupt gelingen kann, seine Freiheitsrechte wahrzunehmen. Das aber ist eine sehr wichtige Frage.

In Bezug auf das Thema Coaching gibt es einige immer wieder gestellte Fragen von Coachees:

- Welcher Beruf passt zu mir?
- Was kann ich richtig gut?
- Welche Ausbildung soll ich machen?
- Was soll ich beruflich als Nächstes machen?
- Wie kann ich mich am besten weiterentwickeln?

Ganz selbstverständliche Fragen also. Und jetzt wird es interessant: Wenn Menschen das Recht haben sollen, ihre Persönlichkeit frei zu entfalten und einen Ausbildungsplatz und einen Beruf zu wählen, dann stellt sich die Frage, wie man sie darin unterstützen kann, diese Rechte auch wahrnehmen zu können.

Im vorigen Kapitel habe ich darauf hingewiesen, dass man die Stationen, an denen man solche Fragen stellt, als kritische Laufbahnübergänge oder eben als Entwicklungsaufgaben bezeichnen kann, deren Bewältigung ganz wesentlichen Einfluss auf die jeweilige Zukunft der Person hat, die sich einer solchen Aufgabe aktuell gegenübersieht. Man könnte natürlich einwenden, da handle es sich um ein Luxusproblem. Doch gerade, wenn wir an die Entfaltung der Persönlichkeit denken, geht das Problem tiefer. Dieser Prozess ist kein Luxus, sondern kann als Voraussetzung für ein glückliches Leben bezeichnet werden.

Wir haben ebenfalls festgestellt: Der permanente Wandel ist Teil unserer Kultur geworden. Wenn wir dies als Tatsache anerkennen, so müssen wir uns Gedanken darüber machen, welche Techniken Menschen beherrschen sollten, um sich in dieser Kultur frei entfalten zu können. Das Entwickeln neuer Kulturtechniken sichert den Bestand und den Wohlstand von Gesellschaften.

Feuer machen, Landwirtschaft, Schreiben, Rechnen, Mobilität – all das sind Kulturtechniken, deren Entwicklung auf der einen Seite die jeweilige Gesellschaft, die diese Kulturtechnik zuerst entwickeln und einer breiten Masse zugänglich machen konnte, vorangebracht haben. Auf der anderen Seite bezeichnen sie Distinktionsmerkmale: Wer die jeweilige Kulturtechnik nicht beherrscht, wer nicht schreiben und rechnen kann, wer nicht mobil ist, wer kein Smartphone hat, wer sich nicht im Internet auskennt, dem fehlen wesentliche Techniken, um am gesellschaftlichen Leben und am Fortschritt teilhaben zu können. Das bedeutet also: Wer Kulturtechniken nicht beherrscht, kann seine Grundrechte nicht wahrnehmen. Wenn wir den permanenten Wandel als Teil unserer Kultur annehmen, der außerdem auch kritische Wegmarken in unserer persönlichen Entwicklung bezeichnen kann, dann müssen wir als neue Kulturtechnik den Umgang mit diesem Wandel erlernen, um unsere Grundrechte wahrnehmen zu können.

1.2.2 Was hat das jetzt mit Coaching zu tun?

Der Schluss ist an sich klar: Typische Coaching-Anlässe beschäftigen sich im weitesten Sinne fast immer mit Fragen, die die Bewältigung von Entwicklungsaufgaben oder Fragen der berufsbezogenen Identitätsentwicklung betreffen. Ganz gleich, ob es sich dabei um einen aktuellen Konflikt im Job handelt, eine Überlastungssituation oder um die Planung der individuellen Laufbahn. Coaching stellt die zentralen Fragen, die die freie Entfaltung der Persönlichkeit und der Berufswahl betreffen. Coaching hilft Menschen dabei, ihre Grundrechte wahrzunehmen.

Allerdings findet Coaching noch immer überwiegend in den Führungsetagen statt. Hier werden die besten Sätze gezahlt und erledigte Jobs ziehen Folgejobs im gleichen Segment nach sich. Auch wenn man in den vergangenen Jahren eine Demokratisierung in Bezug auf die Coaching-Klientel sah, so richtet sich Coaching noch immer hauptsächlich an das mittlere und hohe Management. In diesem Zusammenhang sollte bedacht werden: Die Anlässe, die ein Coaching begründen, beschränken sich nicht auf diese Zielgruppen. Die meisten Bürgerinnen und Bürger im mitteleuropäischen Kulturkreis haben regelmäßig mit solchen Herausforderungen zu tun, die man wie oben dargestellt auch als Entwicklungsaufgaben bezeichnen kann.

Einige Coaches bieten Coaching für Privatpersonen, Student:innen und Schüler:innen zu Stundensätzen von unter 100 Euro an. Im Top-Management-Bereich steigen die Sätze auf bis zu 300 Euro. Viele Menschen sind nicht in der Lage, gängige Coaching-Stundensätze zu bezahlen, auch wenn diese im unteren Preissegment angesiedelt sind. Die Frage ist, wie man es möglichst vielen Menschen ermöglichen kann, Coaching-Leistungen in Anspruch zu nehmen, auch wenn sie nicht in der Lage sind, diese selbst zu finanzieren. Es gibt etwa die Möglichkeit, seitens der Arbeitsagentur Coaching-Leistungen finanziert zu bekommen – das ist gut, greift aber zu kurz. Auch Lesen und Schreiben sollte man ja als Kulturtechniken nicht nur dann lernen, wenn man anders keinen Job bekommt.

Was also tun? Sollte man eine Art Coaching-Krankenkasse abschließen, um regelmäßig Coaching-Leistungen in Anspruch nehmen zu können? Sicher nicht. Vielmehr wäre ein erweitertes Coaching-Verständnis wünschenswert – oder zumindest ein Verständnis davon, wie man sich ressourcenorientiert mit der beruflichen Situation seines Gegenübers beschäftigen kann. Hierfür sollte zumindest ein grundlegendes Verständnis davon entwickelt werden, was Kompetenzen sind und wie sich diese entwickeln lassen. Im Alltagsverständnis bezeichnen Kompetenzen nämlich lediglich Fertigkeiten und es fehlt meist eine konkrete Vorstellung davon, wie man diese weiterentwickeln kann: durch Üben vielleicht, oder durch Lernen. Aber wie übt man? Was soll man lernen?

Lehrer:innen, Führungskräfte, Kolleg:innen, Partner:innen, Berater:innen, Dozent:innen – sie können, auch ohne Coaches zu sein, einen differenzierten Blick auf ihr Gegenüber gewinnen, wenn sie lernen, es darin zu unterstützen, die eigenen Kompetenzen differenziert zu betrachten. Und mehr als das: Es sollte zu ihrer zentralen Aufgabe werden. In jedem Gespräch, in dem sich Menschen mit der beruflichen Situation ihres Gegenübers beschäftigen, sollten sie dieses darin unterstützen, die eigenen Kompetenzen zu erkennen, die dafür nützlich sind, die aktuelle berufliche Situation zu bewältigen.

Man stelle sich vor, alle Dozent:innen, Lehrer:innen, Führungs- und Beratungskräfte an öffentlichen Stellen würden sich dafür interessieren, was man weiß, welche Erfahrungen man hat, welche Skills man mitbringt, wo die Talente liegen und was man gerne machen möchte. Das ist kein professionelles Coaching, aber eine solche Coaching-Haltung nützt sehr viel. Wenn ich in einen Kontext gerate, in dem ich mich beruflich orientieren will oder muss, dann sollte ich das Recht haben, nach genau diesen Aspekten gefragt zu werden, um sie in die weitere Gestaltung meiner beruflichen Zukunft einbringen zu können.

Coaching wird häufig von der Anbieterseite betrachtet: Warum ist Coaching wichtig? Wie hoch sind die Tagessätze? Wie können sich Coaches organisieren? Wie können sich qualifizierte Coaches von selbsternannten Coaches absetzen? All das sind Fragen, welche nur sekundär die Klienten im Blick haben.

Wenn man aber akzeptiert, dass Coaching-Ansätze nützlich sind, um Menschen bei der Bewältigung von Entwicklungsaufgaben behilflich zu sein, damit sie ihre Grundrechte wahrnehmen können, dann muss man von den Klienten aus denken. Coaching sollte keine exklusive Veranstaltung sein, sondern dort stattfinden, wo die potenziellen Klienten sind. Wo ist das? Wo beschäftigen sich viele Menschen mit ihrer beruflichen Situation?

An Schulen, in jeglichen Ausbildungsstätten, in der Arbeit, in öffentlichen Institutionen. An all diesen Stellen arbeiten Menschen, die nicht professionelle Coaches sein können, aber zu deren Professionalität es gehören sollte, eine Coaching-Haltung einnehmen zu können, vollkommen unabhängig von der Fakultät oder dem beruflichen Hintergrund. Es sollte die Aufgabe jeder lehrenden, beratenden oder führenden Kraft sein, eine ressourcen- und potenzialorientierte Haltung an den Tag zu legen, sich um die Potenziale und Kompetenzen des Gegenübers zu kümmern und bei deren Entwicklung zu unterstützen.

Dass sich Menschen, deren Beruf es ist, anderen Menschen Orientierung zu geben, differenziert für deren Kompetenzen interessieren: Das ist nicht zu viel verlangt – aber damit wäre viel erreicht! Und welche Rolle können Coaches dabei spielen? In den vergangenen Jahren beschäftigten sich Coaches viel mit ihrer Professionalisierung: Wie können wir uns von »unprofessionellen« Coaches abgrenzen? Dieser Frage begegnet man immer wieder. Im gesellschaftlichen Kontext ist diese Frage falsch gestellt. Sie sollte lauten: Wie können Coaches ihr professionelles Wissen weitergeben, damit möglichst viele Menschen von diesem profitieren können? Damit Coaching kein exklusives Angebot bleibt, sondern eine inklusive Angelegenheit wird.

Im Vorwort habe ich es bereits erwähnt: Aus den genannten Gründen ist Karrierecoaching auch eine gesellschaftliche Aufgabe und die darin handelnden Akteure sollten nicht in gängige Konkurrenzmuster verfallen.

Die Kompetenzenbilanz ist – auch wenn man sich in der Methode ausbilden lassen kann – kein Hoheitswissen, sondern ein Ansatz, der sich methodisch und im Hinblick auf die in der Methode verkörperte Haltung in viele Kontexte tragen lassen kann.

1.3 Beschäftigungsfähigkeit – das Ziel des Karrierecoachings

1.3.1 Flexibilisierung der Arbeitswelt

In einer flexibilisierten Arbeitswelt, in der ein Großteil der erwerbstätigen Menschen davon ausgehen muss, innerhalb der Zeit der Erwerbstätigkeit mehrmals die Arbeitsstelle und vermutlich sogar den Beruf zu wechseln, stellen sich sowohl an den Erwerbstätigen als auch an die Unternehmen, in denen er tätig ist, andere Herausforderungen als noch vor wenigen Jahrzehnten.

Das im Beschäftigungsvertrag festgeschriebene Arbeitsverhältnis konnte noch bis vor kurzer Zeit als juristische Manifestation eines psychologischen Vertrages betrachtet werden, der insbesondere auf dem Austausch zweier Güter beruhte: Während der Arbeitnehmer dem Unternehmen seine Arbeitskraft anbot, erhielt er hierfür vom Unternehmen als Gegenleistung nicht nur eine finanzielle Aufwendung, sondern auch eine relative Sicherheit des Arbeitsplatzes. Der psychologisch implizite Vertrag eines Beschäftigungsverhältnisses regulierte bislang also den Ausgleich zwischen Bindung der Arbeitskraft und finanzieller Sicherheit. Sicherheit bedeutet immer auch Dauerhaftigkeit. Und eben diese Dauerhaftigkeit und nachhaltige Sicherheit kann heute kein Unternehmen seinen Mitarbeitern mehr glaubwürdig zusagen. Sieht man von staatlichen Unternehmen ab, so gibt es kaum einen Arbeitsplatz, der nicht möglicherweise einmal zur Disposition stehen könnte.

Diese zunehmende Unsicherheit hat Folgen für das Individuum, für Unternehmen und ganz allgemein für die Organisation von Arbeit. Da Menschen selbstverständlich nach wie vor ein Bedürfnis nach Zukunftssicherung haben, stellt sich die Frage, in welcher Weise angestellte Arbeitnehmer ihre Zukunft nachhaltig sichern können. Die Zukunftssicherung, also die Gewissheit, auch in Zukunft in der Erwerbsarbeit tätig sein zu können, besteht mehr und mehr darin, sich selbst beschäftigungsfähig zu halten bzw. die eigenen Chancen, weiterhin im selben oder auch in einem anderen Unternehmen beschäftigt sein zu können, zu erhöhen.

Ein Unternehmen bietet heute nur dann einen attraktiven Arbeitsplatz an, wenn es vermitteln kann, dass die Tätigkeit innerhalb des Unternehmens geeignet ist, die Beschäftigungsfähigkeit der Mitarbeiter aufrechtzuerhalten oder zu erhöhen. Es mag eingewendet werden, dass Unternehmen bei einem relativen Überangebot von Arbeitskräften gar kein Interesse daran haben, attraktiv für potenzielle Mitarbeiter zu sein. Es gibt jedoch zahlreiche empirische Hinweise darauf, dass Unternehmen mit beschäftigungsfähigen Mitarbeitern und Arbeitsbedingungen, die geeignet sind, die Beschäftigungsfähigkeit der Mitarbeiter zu erhalten und zu erhöhen, erfolgreicher sind als solche, denen an der Beschäftigungsfähigkeit der Mitarbeiter nicht gelegen ist (Rump & Eilers, 2005). Unternehmen profitieren also davon, ihren Teil des psychologischen Vertrags zu erfüllen und die Beschäftigungsfähigkeit von Mitarbeiter:innen zu erhöhen.

Für Mitarbeiter:innen bedeutet eine wachsende Unsicherheit hinsichtlich des Arbeitsplatzes eine erhebliche Stressbelastung, die ein wesentliches gesundheitliches Risiko darstellen kann (s.o.). Eine Erhöhung der Beschäftigungsfähigkeit zieht mittelbar nicht nur Folgen nach sich, die sich im Marktwert einer Arbeitskraft äußern, sondern die insbesondere durch die Stabilisierung bestimmter psychologischer Merkmale der betroffenen Personen gekennzeichnet ist.

Dementsprechend können wir Beschäftigungsfähigkeit auch nicht nur als den Marktwert einer Person betrachten, sondern als psychologischen Begriff, als Disposition und Eigenschaft, oder auch, wie es dem Begriff bereits immanent ist, als Fähigkeit von Personen, die nicht nur durch Arbeitsbedingungen geprägt, sondern auch individuell ausgebildet werden kann. Was bedeutet nun die Steigerung der Beschäftigungsfähigkeit? Wie ist eine solche zu bewerkstelligen? Und zu guter Letzt: Aus welchen Elementen besteht das Konzept der Beschäftigungsfähigkeit?

1.3.2 Das Konzept der Beschäftigungsfähigkeit

Beschäftigungsfähigkeit lässt sich als psychologisches Konzept beschreiben, als Modell, das von unterschiedlichen psycho-sozialen Faktoren beeinflusst wird. Die Autoren Fugate, Kinicki & Ashforth

(2004) haben die Beschäftigungsfähigkeit in einer Weise beschrieben, die für die berufliche Orientierung und das potenzialorientierte Karrierecoaching als besonders fruchtbar angesehen werden kann. Die Vorgehensweisen in diesem Buch lassen sich durch das Modell der Beschäftigungsfähigkeit der Genannten besonders theoretisch einordnen und begründen.

Zunächst eine Definition der Beschäftigungsfähigkeit:

> »Beschäftigungsfähigkeit ist […] eine besondere Form der aktiven Anpassungsfähigkeit, die Arbeitende dazu befähigt Karrieremöglichkeiten zu erkennen und umzusetzen.« (Fugate, Kinicki & Ashforth 2004)

Was ist damit gemeint? Zunächst einmal definieren Fugate et al. die Beschäftigungsfähigkeit als ein psychologisches Konstrukt, das insbesondere in der Anpassungsfähigkeit von Personen besteht. Personen mit hoher Anpassungsfähigkeit, und damit auch Beschäftigungsfähigkeit, zeichnen sich dadurch aus, dass sie ihre eigenen Karrieremöglichkeiten besonders gut erkennen und aus ihren Erkenntnissen jeweils Schlüsse ziehen können, die sie mehr oder weniger in der Lage sind, unmittelbar umzusetzen.

Im Vergleich hierzu können Personen, die nur über eine gering ausgeprägte Anpassungsfähigkeit verfügen, ihre berufliche Zukunft häufig als im Wesentlichen vorbestimmt und weitgehend determiniert wahrnehmen. Personen mit geringer Anpassungsfähigkeit erkennen nicht, dass sie selbst ihre Zukunft, natürlich ebenfalls nur in einem gewissen realistischen Rahmen, gestalten können. Sie sehen vielmehr gar nicht, dass ihnen möglicherweise unterschiedliche Optionen zur Verfügung stehen könnten, sondern nehmen die beruflichen Bedingungen nur als statische Gegebenheiten wahr, an die sie selbst sich, mitunter bis hin zur Selbstverleugnung hin, anpassen müssen. Ein solches Verständnis von Anpassungsfähigkeit würde dem Verständnis von Fugate et al. grundsätzlich zuwiderlaufen. Die zitierten Autoren verstehen Anpassungsfähigkeit genau im gegenteiligen Sinne, nämlich als ein tätiges Auseinandersetzen mit der eigenen Zukunft, als einen Dialog mit den Möglichkeiten, die für die eigene Zukunft zur Verfügung stehen, und die Fähigkeit, einen angemessenen Weg für die eigene Person, die eigenen Bedürfnisse und Fähigkeiten in die eigene Zukunft selbständig gestalten zu können.

Aber betrachten wir uns das Konzept der Employability im Ganzen und sehen, welche psychologischen Variablen zusammenwirken müssen, um Voraussetzungen für eine stabile psychische und auch physische Gesundheit für Personen zu schaffen, die sich in einer unsicher gewordenen Arbeitswelt bewegen. Die Beschäftigungsfähigkeit setzt sich aus drei Bestandteilen zusammen. Es sind dies die persönliche Anpassungsfähigkeit, die Laufbahnidentität und das Sozial- und Humankapital einer Person.

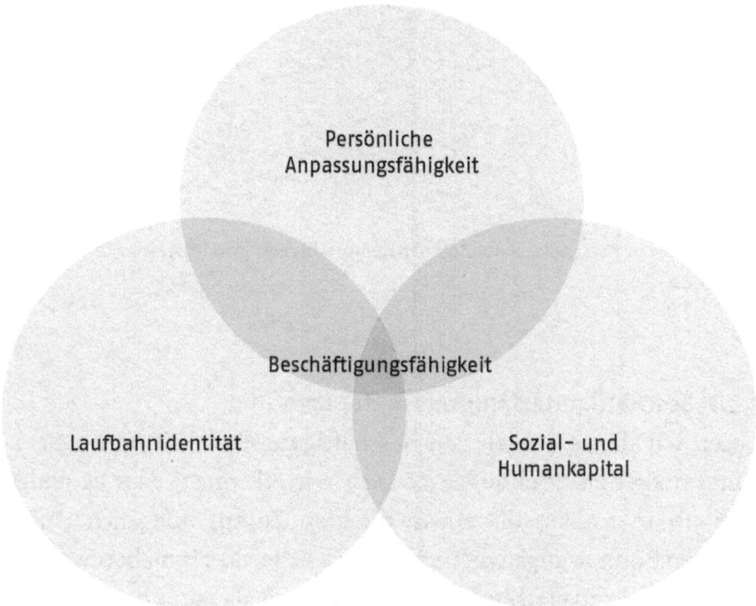

Die Bestandteile der Beschäftigungsfähigkeit (modifiziert nach Fugate et al. 2004)

Diese Überbegriffe können jeweils in einzelne psychologische Konstrukte aufgegliedert werden. So subsumieren Fugate und seine Kollegen unter den Begriff der persönlichen Anpassungsfähigkeit die Konstrukte Optimismus, Proaktivität, Lernbereitschaft, Offenheit für Veränderungen, internale Kontrollüberzeugung und Selbstwirksamkeit. Die Laufbahnidentität besteht aus den Zielen, Hoffnungen, Werten, Überzeugungen und den zeitlichen Horizonten einer Person. Das Sozial- und Humankapital schließlich beinhaltet die Netzwerke, Informationen, die Bildung, Arbeitserfahrungen und das Training von Personen.

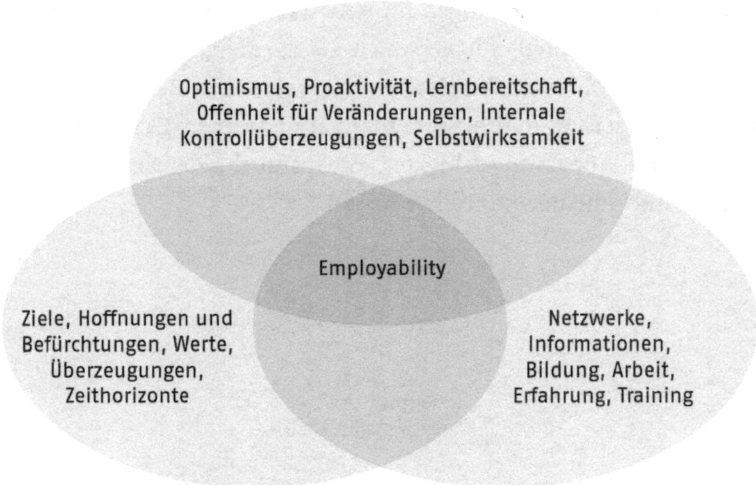

Die Inhalte der Bestandteile der Beschäftigungsfähigkeit (modifiziert nach Fugate et al. 2004)

1.3.3 Beschäftigungsfähigkeit in der Beratung

Legen wir dieses Modell von Beschäftigungsfähigkeit einem Beratungsmodell zu Grunde, so können wir erkennen, dass es einige Konstrukte enthält, die einem direkten Zugriff und auch einem direkten Einfluss zugänglich sind, und solche, die als nicht unmittelbar und direkt zu erfassen und somit auch nur als mittelbar veränderbar verstanden werden können.

Während sich die Anpassungsfähigkeit aus Komponenten zusammensetzt, die nur schwer direkt nachhaltig veränderbar sind, können die Laufbahnidentität und das Sozial- und Humankapital-Cluster als leichter zugänglich und damit auch beeinflussbar bezeichnet werden. Wenn wir uns die einzelnen Elemente dieser beiden »Kreise« betrachten, so sehen wir alle Elemente vor uns, die in der kompetenzorientierten Laufbahnberatung eine zentrale Rolle spielen. Die zentrale Annahme, die den kompetenzorientierten Beratungsmethoden zu Grunde liegt, lautet demzufolge:

Wenn eine Person in einem betreuten Beratungsprozess die eigenen Ziele, Hoffnungen und Befürchtungen, Werte und Überzeugungen und den zeitlichen Horizont (Laufbahnidentität) systematisch erarbeitet und zudem eine detaillierte Aufstellung der sozialen Netzwerke, des Bildungsstandes und der Arbeitserfahrungen (Sozial- und Humankapital) vornimmt, so hat dies einen positiven Einfluss auf Optimismus, Proaktivität, Lernbereitschaft, Offenheit gegenüber Veränderungen, internale Kontrollüberzeugungen, Selbstwirksamkeitserleben (Anpassungsfähigkeit) der Person.

Die zentrale Größe in einem solchen Beratungsprozess und somit sowohl den inhaltlichen als auch den namensgebenden Kulminationspunkt bildet der Begriff der Kompetenzen. Wir sehen im Konzept der Beschäftigungsfähigkeit eine Reihe von weiteren Konstrukten (Ziele, Werte, zeitlicher Horizont, Erfahrungen, …), die nicht unmittelbar mit dem Begriff der Kompetenz verbunden zu sein scheinen. Ob dem tatsächlich so ist, liegt vor allem daran, welches Verständnis von Kompetenzen wir einem Beratungskonzept zu Grunde legen. Aus diesem Grund wollen wir uns etwas später auch intensiv mit dem Begriff der Kompetenzen beschäftigen.

Im Zusammenwirken der genannten drei Bestandteile der Beschäftigungsfähigkeit liegt ein wesentlicher, für die praktische Arbeit anwendbarer Hinweis: Wenn eine Person etwa in einem Beratungsprozess ihre Arbeitserfahrung, ihre Netzwerke, ihren Bildungsstand (Sozial- und Humankapital), ihre Werte, ihre Ziele, Hoffnungen und Befürchtungen (Laufbahnidentität) systematisch hinterfragt und so auch genau kennt, dann führt das Vorgehen dazu, dass Optimismus, Proaktivität, Lernbereitschaft etc. (Anpassungsfähigkeit) gesteigert werden.

Natürlich hilft es, wie schon gesagt, auch aktiv und sichtbar etwas dafür zu tun, zu lernen, das Netzwerk auszuweiten etc. Aber interessant ist: Auch ohne das jetzt inhaltlich unmittelbar anzufassen, hilft es mir für meinen Optimismus, meine Proaktivität, mein Gefühl, meines Glückes Schmied zu sein, wenn ich einfach nur mal darauf schaue, was ich habe: Was kann ich, was habe ich gelernt, was sind meine Werte, wo stehe ich im Leben, was sind meine Befürchtungen, was sind meine Wünsche? Diese Dinge beim Namen zu nennen, befähigt mich dazu, mich aktiv umzusehen, wie ich mich weiterentwickeln kann.

Was bedeutet das? Für Individuen heißt es: Es lohnt sich, sich der genannten Dinge bewusst zu werden – zu wissen, wer man ist und was man kann. Dafür muss man eben ein bisschen Zeit aufwenden. Wir werden noch auf die Wirkungen des potenzialorientierten Karrierecoachings bzw. der Kompetenzenbilanz zu sprechen kommen und werden das Modell von Fugate, Kinicki und Ashforth dort bestätigt sehen.

1.4 Warum ist es wichtig und auch schwierig, sich an Kompetenzen und Potenzialen zu orientieren?

Zu Beginn eine Behauptung: Es ist leichter, Defizite zu erkennen, als Potenziale zu sehen. Eine solche Präferenz für Fehler und Defizite wird häufig der deutschen Kultur zugeschrieben, und ich glaube, dass diese Selbstbezichtigung zu kurz greift. Es ist a priori schwieriger, Potenziale zu sehen, als Fehler und Defizite zu erkennen.

Ich möchte das ausführen und mit einem Beispiel anfangen: Seit vielen Jahren sind Formate wie »Deutschland sucht den Superstar« populär. Angeblich geht es in der Sendung darum, Talente zu entdecken. Eigentlich geht es aber für die Zuschauer:innen wohl um etwas anderes. Die hohe Einschaltquote gewinnt die Sendung in den ersten Episoden, in denen man Leute sieht, die schlecht singen oder überhaupt nicht singen können. Zugleich erhebt man sich als Zuschauer noch über die bissigen Kommentare Dieter Bohlens, der bis 2021 das Gesicht der Sendung war.

Dies ist der eine Pol der Sendung – der Teil, der leicht popularisiert wird und sich viral im Internet verbreitet: Menschen, die talentfrei im Fernsehen sind und dafür niedergemacht werden. Eine sehr defizitorientierte Sendung, die aber ihre Spannung dadurch hält, dass hin und wieder tatsächlich berührende Momente passieren. Momente, in denen jungen Menschen, die vorher niemand kannte, anfangen zu singen und sowohl die Herzen der Jury als auch die Herzen der Zuschauer:innen berühren.

Jetzt ist interessant, was im einen und was im anderen Fall passiert. Wenn eine junge Frau, die nicht dem Schönheitsideal entspricht, schief und peinlich singt, können alle Zuschauer:innen einhellig sagen, dass diese Person schlecht gesungen hat und keine Chance hat, am Ende der letzten Sendung als Siegerin, als Superstar, daraus hervorzugehen. Dieter Bohlen pointiert dieses Urteil, aber vom Inhalt her sind sich alle einig. Es ist auch sehr einfach zu objektivieren: Man könnte zählen, wie viele Noten falsch gesungen wurden und um wie viel die untalentierte Sängerin jeweils daneben lag. Die Defizite zu erkennen und zu benennen ist einfach.

Tritt jedoch ein echtes Talent auf, macht dies die Jury sprachlos. Es ist schwer, Worte dafür zu finden, warum man von einem bestimmten Gesang berührt wird. Die Zahl der richtigen Noten kann es nicht sein. Denn es kann auch vorkommen, dass zwei Kandidat:innen korrekt singen, aber nur eine:r davon das gewisse Etwas hat. Man bemüht poetische Bilder, stellt Vergleiche an, beschreibt die eigenen Gefühle, um zu beschreiben, wie und warum ein guter Gesang auf einen gewirkt hat. Jeder beschreibt die Wirkung schöner Musik auf individuelle Art und Weise und muss sich Mühe geben, zu verdeutlichen, was er meint und warum.

Warum bekommt man beim Gesang einer Person eine Gänsehaut und eine andere Person singt korrekt, es lässt einen aber kalt? Offenbar hat Person A eine besondere Gabe – und diese ist viel schwerer zu beschreiben als das Defizit der Person, die falsch singt. Und was fehlt dem Gesang der Person, die nur korrekt singt? Das ist sehr schwer auszudrücken.

Wir können dieses Beispiel auf viele andere Bereiche übertragen: Ich behaupte, dass den meisten Menschen eine Landschaft, in der ein Atomkraftwerk steht, nicht besonders hübsch vorkommt. Die wenigsten Menschen möchten direkt neben einem Atomkraftwerk leben. Auch direkt neben einer Autobahn sind die Grundstückspreise einigermaßen niedrig. Warum? Das alles ist einfach.

Es ist aber sehr anspruchsvoll zu beschreiben, warum man das Meer liebt – oder die Berge. Warum ist Mona Lisa das berühmteste Bild der Welt? Ist es besonders schön? Gar nicht unbedingt. Was macht dieses Bild aus? Eine schwierige Frage. Ich kenne die Antwort nicht. Es gibt sehr viele Antworten darauf.

Von der Kunst in den Alltag: Unser Ausbildungssystem ist im Wesentlichen an Defiziten orientiert – auch wenn dort ebenfalls die Kompetenzorientierung seit einiger Zeit nicht mehr ganz unbekannt ist.

Aber: Wenn eine Schulaufgabe oder Klausur korrigiert wird, dann achten Lehrer und Professoren nicht unbedingt darauf, wo die goldenen Nuggets in den Antworten der Schüler und Studierenden zu finden sind, sondern sie suchen die Fehler, zählen diese zusammen und ziehen sie von der erreichbaren Gesamtpunktzahl ab. Das ist ein natürlicher Vorgang. Ich weiß, wovon ich spreche – ich habe selbst als Professor sehr viele Klausuren korrigiert, das ist eine der unschönen Aufgaben in der Lehre und man möchte gerne irgendwie schnell durchkommen. Es geht schlicht schneller und einfacher, die Fehler in Klausuren zu finden, als sich darum zu bemühen, in einem Stapel von handgeschriebenen Blättern Potenziale zu entdecken, die es zu entwickeln gilt.

Bei Stapeln von Bewerbungsschreiben ist es ähnlich. Wer 100 Bewerbungen in der Inbox hat, versucht vor allem die Flut der Informationen zu sortieren und zu reduzieren. Es wird dann nicht im ersten Schritt nach dem geeignetsten Bewerber gesucht, sondern ganz natürlich werden erstmal die ungeeigneten aussortiert. In einem großen Selektionsschritt, der meist defizitorientiert ist, wird die Informationsmenge um vielleicht 80 % reduziert. Die restlichen 20 Bewerbungen schaut man sich dann genauer an.

Finde den Fehler – das Spiel für Kinder, in dem man zwei Bilder vergleicht, ist simpel, und deshalb ist es beliebt, auch bei Erwachsenen noch. *Finde die Ressource* – dieses Spiel gibt es nicht. Es ist zu anstrengend.

Es gibt also Gründe dafür, dass man sich an Defiziten, an Fehlern, orientiert:

- Es ist einfacher.
- Es geht schneller.

Menschen machen sich die Welt gerne einfach. Der Nobelpreisträger Daniel Kahnemann erklärt das in seinem bekannten Buch »Schnelles Denken, langsames Denken«. Er beschreibt darin, dass wir Menschen zwei Denksysteme haben. Ein System für das *schnelle Denken*, das alltägliche Denken, die schnellen Problemlösungsschemata, die uns durch 80 % aller Herausforderungen navigieren. Und wir haben ein zweites System, das System des *langsamen Denkens*, bei dem man sich anstrengen muss zu denken, bei dem man neu denken muss, das einen aber auch in der Entwicklung weiterbringt. Wir Menschen vermeiden das langsame Denken tendenziell.

Vieles weist darauf hin, dass Potenziale, Kompetenzen und Ressourcen zu erkennen langsames Denken erfordern. Defizite zu erkennen ist im Modus des schnellen Denkens möglich. Menschen lieben das.

Unternehmen und Bildungsinstitutionen, die ja möglichst effizient sein sollen, sind meist strukturell defizitorientiert. Denn Defizite lassen sich simpler organisieren als Potenziale und Ressourcen. Eine Folge davon ist: Wenn dieses Denken in Bildungsinstitutionen und Unternehmen strukturell implementiert ist, hemmt das die Entwicklung und die Entfaltungsmöglichkeiten der Personen, die sich darin befinden. Das ist schade, aber es ist menschlich. Man kann diesen Umstand Lehrer:innen, Professor:innen, Vorgesetzten, Menschen, die ein Recruiting-Gespräch führen, gar nicht vorwerfen. Jeder handelt spontan und automatisch so. Man kann aber den Anspruch stellen, dass man von dieser Konvention immer wieder abweichen sollte und den dafür notwendigen Aufwand betreibt und Menschen individuell fördert.

Tolstoi schreibt am Anfang von »Anna Karenina« sinngemäß: alle glücklichen Familien ähneln einander, in ihrem Unglück aber unterscheiden sich alle voneinander. Ich glaube, dieser Satz ist falsch. Defizite sind Gleichmacher. Alle unglücklichen Familien haben ähnliche Probleme – das Ehepaar hat sich entfremdet. Der Mann sucht sich eine Jüngere, jemand wird alkoholkrank, eine schwere Krankheit überschattet das Familienglück – es sind immer dieselben Themen, die immer wieder erschreckend banal sind. Wie man glücklich wird und bleibt, ist hingegen eine komplexe Frage, die sich viel schwieriger und nur individuell beantworten lässt.

Ich möchte diese Überlegungen auf unser Thema berufliche Orientierung und Karrierecoaching beziehen. Vieles in unseren beruflichen Orientierungsprozessen ist so aufgebaut, dass es das System des defizitorientierten Denkens bemüht.

Ein paar Beispiele:

- Ausbildungen, Berufe oder Jobs werden künftig nach dem Ausschlussprinzip ausgewählt.
- Personalauswahl geschieht noch immer nach der Maßgabe, wie man die Flut an Informationen reduzieren kann.
- Personalentwicklung orientiert sich ebenfalls daran, was Mitarbeitern noch fehlt, und nicht, wie man sie ihren Potenzialen gemäß entwickeln kann.
- In der Arbeitsagentur geht es nicht um Potenziale, sondern um das Bearbeiten von Vermittlungshindernissen.
- In Schulen und Ausbildungssystemen lernen wir: Arbeite besonders an den Themen, in denen du nicht gut bist, denn die anderen Dinge laufen ja ohnehin ganz gut.

Das alles sind keine Vorwürfe an die jeweiligen Systeme, und ja: Es steckt auch ein Teil Unterstellung darin. Aber in der Praxis begegnen wir diesen Fällen. Wenn man auf sich selbst schaut, ist es genauso: Die meisten Menschen wissen wohl besser, was sie nicht können, als was sie können. Im Bewerbungsgespräch ist die Frage nach den eigenen Stärken viel schwerer zu beantworten als diejenige nach den eigenen Schwächen. Es ist Menschen und Systemen zuzugestehen, dass es kompliziert ist, die eigenen Potenziale und Kompetenzen zu erkennen und zu benennen. Eben deshalb muss man sich intensiv um dieses Thema kümmern. Es ist nicht selbstverständlich.

Zugleich sind die Kompetenzen und Ressourcen und Potenziale viel bessere Hinweisgeber dafür, wie man seine Zukunft gestalten kann, als die Arbeit nach dem Ausschlussprinzip.

Wenn Sie mir als Leser:in in diesen Gedankengängen und Argumentationsverläufen zustimmen können und wollen, dann muss man eben Menschen und Institutionen auch zugestehen, dass es natürlich ist, sich an Defiziten zu orientieren. Es macht die Welt zunächst einfacher. Aber Entwicklungsaufgaben werden auf diese Weise nicht gelöst.

Hierfür braucht es die Orientierung an Kompetenzen, Potenzialen, Ressourcen.

Und dies erfordert einigen Aufwand. Dies erfordert langsames Denken bzw. im Coaching und in der Begleitung von Menschen eine Art Rhythmus, der hin- und herschwingt zwischen solchen Reflexionen, die schnelles Denken ermöglichen und damit leicht konsumierbar sind und ein Schwungrad des Prozesses sein können. Und solchen Elementen, die langsames Denken erfordern und ein Schwungrad für die nachhaltige Entwicklung darstellen.

Die Kompetenzenbilanz bildet eine solche »Rhythmisierung« von langsamem und schnellem Denken ab.

Was aber sind Kompetenzen und wie lassen sie sich entwickeln? Dieser Frage möchte ich im kommenden Kapitel nachgehen.

1.5 Was sind Kompetenzen und wie kann ich sie entwickeln? Das SKATE-Modell

1.5.1 Hintergründe des Kompetenzbegriffs

Ich möchte an dieser Stelle um etwas Geduld bitten, da es wichtig ist, sich durch ein paar Hintergründe des Kompetenzbegriffs zu arbeiten, bevor wir schließlich zu einem pragmatischen Begriff von Kompetenzen kommen. Ich möchte dafür den Begriff historisch aufrollen und ein paar Stationen dabei hervorheben.

Der Kompetenzbegriff wird erstmals im Jahr 1960 vom amerikanischen Psychologen Robert White in der der Literatur erwähnt. White versteht Kompetenzen als »Entwicklung jener Möglichkeiten einer Person, all die Transaktionen mit ihrer Umgebung durchzuführen, die sie sich selbst erhalten, aber auch wachsen und sich weiterentwickeln lassen«. (White 1959)

Populär wurde der Kompetenzbegriff in der Psychologie jedoch erst in den 1970er Jahren. Der amerikanische Psychologe David McClelland kritisierte in einem Aufsatz im Jahr 1973 (McClelland 1973) die damals verbreitete Praxis des Testens und Quantifizierens von Persönlichkeitseigenschaften und Intelligenz und brachte die damals provokant klingende Frage in die Diskussion: »Warum versuchen wir Intelligenz zu testen, wenn wir ebensogut Kompetenzen messen können?«

McClelland meinte mit dieser Frage Folgendes: Durch eine Messung von Intelligenz erhalten wir einen stabilen Wert über ein Konstrukt, das wir jedoch nur recht unscharf definieren können. Intelligenz ist eine abstrakte Größe, die auch zirkulär definiert werden kann. Der berühmte Satz »Intelligenz ist das, was der Intelligenztest misst« belegt diese Haltung. Die Messung eines solchen Konstruktes kann ausgesprochen zuverlässig und objektiv erfolgen. Die Validität, also die Gültigkeit einer Intelligenzmessung, unterliegt hingegen der Schwierigkeit, dass Intelligenz entweder als »Unbekannte« definiert wird oder aber, dass der Nutzen der Intelligenzmessung durch Korrelationen mit Außenmaßen nachgewiesen wird. Wenn wir also aufgrund der Intelligenz versuchen zu messen, wie gut eine Person etwa in der Lage ist, eine Führungsaufgabe auszuführen, dann haben wir ein solches Außenkriterium.

Wir können versuchen, ein abstraktes Konstrukt wie die Intelligenz bzw. einen bestimmten Aspekt dieser Intelligenz in eine Beziehung zu dem erwünschten Verhalten (Führungsfähigkeit) zu setzen. Das ist jedoch ein komplexer Prozess, der eine gehörige Portion Unsicherheit und Ungenauigkeit mit sich bringt. Von Übersetzungsschritt zu Übersetzungsschritt steigt die Wahrscheinlichkeit, dass wir uns getäuscht haben in unserem Rückschluss, von Intelligenz auf Führungsfähigkeiten zu schließen.

McClellands Vorschlag beruht nun auf seiner Frage, warum man überhaupt ein abstraktes Konstrukt wie die Intelligenz messen sollte, wenn man auf Führungsfähigkeit schließen möchte. Genauso gut (oder sogar viel besser) könnte man seiner Meinung nach versuchen, die Führungsfähigkeit einer Person direkt zu messen.

Auch der Psycholinguist Chomsky beschäftigte sich zur gleichen

Zeit ebenfalls mit dem Kompetenzbegriff und ging auf den Unterschied zwischen *Kompetenz* und *Performanz* ein, den ich als sehr wesentlich erachte (Chomsky 1972).

Performanz bezeichnet für Chomsky beobachtbares Verhalten, das nicht mit der dahinterstehenden Kompetenz identisch ist. *Kompetenz* hingegen bezeichnet die Voraussetzung für situationsangemessenes Verhalten. Diese Feststellung impliziert nun, dass es prinzipiell nicht möglich ist, Kompetenzen direkt zu beobachten. Ein Beobachter kann jeweils nur aufgrund der Performanz einer anderen Person Rückschlüsse auf deren Kompetenz ziehen, nicht aber Kompetenz direkt beobachten.

So verfügen Menschen zum Beispiel über eine unbegrenzte Zahl von Kombinationsmöglichkeiten der Sprachanwendung. Die Sprachperformanz bietet aber nur einen winzigen Ausschnitt der Möglichkeiten, die einer Person aufgrund des Vokabulars und der Grammatik zur Verfügung stehen. Uns als Beobachtern fehlt aber die Möglichkeit, einen Blick auf die Beschaffenheit dieser unbegrenzten Möglichkeiten, dieser individuellen Sprachkompetenz, zu werfen. Wir können nur versuchen, aus der Performanz einen Rückschluss auf die jeweilige Kompetenz zu ziehen.

In der Psychologie hat seit den 2000er Jahren der Kompetenzbegriff nach Erpenbeck und von Rosenstiel (2003) im deutschsprachigen Raum weithin Beachtung gefunden. Erpenbeck bezeichnet Kompetenzen als »Selbstorganisationsdispositionen«. Kompetenzen sind demnach Fähigkeiten des Menschen, sich selbst zu organisieren. Wesentlich für die Beschreibung der Ausprägung einer Kompetenz ist hierbei der Grad der Zieloffenheit, in der eine Person handelt. Eine entscheidungs- und zieloffene Situation erfordert demnach eine komplexer ausgeprägte Kompetenz als eine Situation, in der ein automatisiertes Handlungsprogramm aktiviert werden kann. Es ist zu hinterfragen, ob in letztgenanntem Fall überhaupt Kompetenz vonnöten ist oder ob für die Beschreibung von Eigenschaften, die zur Bewältigung klar strukturierter und geschlossener Aufgabenstellungen erforderlich sind, nicht das Konstrukt der Fertigkeiten angemessener wäre.

Nach Erpenbeck und Rosenstiel sind Kompetenzen demnach subjektbezogene Konstrukte. Sie stellen keine unmittelbar überprüfbaren Größen dar. Auf Kompetenzen kann ganz im Sinne Chomskys nur aufgrund der Performanz oder aufgrund von Selbstauskünften rückgeschlossen werden.

1.5.2 Kompetenzdefinitionen: Zwischenstand

Halten wir an dieser Stelle fest:

Kompetenzen sind Voraussetzungen von Menschen für erfolgreiches Handeln in zieloffenen Situationen.

Eine entscheidungs- oder zieloffene Situation erfordert eine komplexer ausgeprägte Kompetenz als eine Situation, in der ein automatisiertes Handlungsprogramm aktiviert werden kann. Ganz im Sinne Chomskys kann nur aufgrund der Performanz oder aufgrund von Selbstauskünften auf die dahinterliegende Kompetenz rückgeschlossen werden. Die Kompetenz selbst jedoch entzieht sich dem unmittelbaren Zugriff.

Wie bereits festgestellt, ist der Kompetenzbegriff mit zahlreichen Ungenauigkeiten behaftet. Hier eine kurze Zusammenfassung darüber, was Kernmerkmale von Kompetenzen sind:

- Kompetenz ist nicht nur ein psychologisches Konstrukt, sondern auch eine gesellschaftliche Größe, denn Aussagen über Kompetenzen bezeichnen immer auch den Wert dieser Kompetenzen oder der jeweiligen Kompetenzinhaber innerhalb einer Gesellschaft.
- Objektivierende Kompetenzmessungen messen nach den oben dargestellten Überlegungen zur Beschaffenheit von Kompetenzen etwas, das gar nicht als Kompetenz bezeichnet werden kann.
- Da Kompetenzmessung immer auch subjektivierend erfolgt, ist die Feststellung von Kompetenzen immer auch eine Intervention beim Kompetenzträger.
- Der Kompetenzbegriff wird in vielen Kontexten verwendet. In der Jugend- und in der Erwachsenenbild und im betrieblichen Kontext. Aber er wird häufig als Schlagwort missbraucht und falsch verwendet.

- Dennoch wird der Kompetenzbegriff in dem oben umrissenen Sinne weiterhin große Bedeutung haben. Denn wenn wir die oben genannten Überlegungen zu Grunde legen, gibt uns der Kompetenzbegriff die Möglichkeit und auch die Aufgabe, Hypothesen über die Potenziale von Menschen aufzustellen. Und diese Hypothesen sind angesichts einer sich weiterhin und immer rascher verändernden Arbeitswelt wichtige Orientierungspunkte für die Entwicklung von Individuen, Unternehmen und ganzen Gesellschaften.
- In Anlehnung an Erpenbeck und von Rosenstiel (2007) können Kompetenzen im weitesten Sinne als Selbstorganisationsdispositionen verstanden werden. Wobei die Bedeutung des Begriffs »Disposition« ungenau ist. Triebel und Seipel (2017) verstehen Kompetenzen als notwendige Voraussetzungen, um komplexe Anforderungen zu bewältigen.
- Kompetenzen sind nicht bloß Können, Wissen oder Performanz

1.5.3 Das SKATE-Modell

Was sagt das SKATE-Modell?

Wie verwenden wir nun den Begriff »Kompetenzen« sinnvoll? Kompetenzen sind eine Mischung aus unterschiedlichen Faktoren. Ich sage bewusst Faktoren – und ich werde gleich noch beschreiben, was ich damit meine.

In Kompetenzmodellen und Kompetenzprofilen werden Kompetenzen häufig bipolar dargestellt: auf einer Skala von 1 bis 7, jeder der Skalenpunkte hat einen Verhaltensanker, der beschreibt, was mit der jeweiligen Ausprägung gemeint ist. Ich als Mitarbeiter habe z. B. nach einem 360°-Feedback bei der Kompetenz »Projektmanagement« den Wert 4,7 erreicht – im Unternehmen gibt es aber den Sollwert 5,5. Wenn ich jetzt meine Kompetenz entwickeln will, habe ich ein Problem: Wie soll ich mich um 0,8 Punkte verbessern? Mir mehr Mühe geben? Mich mehr anstrengen? Zehn Bücher lesen? Die Feedback-Geber bestechen?

Kompetenzen werden damit automatisch immer verwechselbar mit Performanz – wie wir oben gesehen haben, wird diese Gleichsetzung dem Anspruch dessen, was Kompetenz sein kann, aber nicht gerecht. Das ist aus Sicht eines Unternehmens oder einer Bildungsinstitution verständlich, aber es hilft kaum dabei, jemanden bei seiner Entwicklung zu unterstützen. Hier müsste differenzierter vorgegangen werden.

Und dazu möchte ich das SKATE-Modell, das ich in den letzten Jahren entwickelt habe, vorstellen – bislang in manchen Publikationen auch unter dem Namen KEFFE-Modell bekannt. Ich habe es inzwischen umbenannt in das SKATE-Modell.

Kompetenzen sind demnach ein Produkt aus den Faktoren S-K-A-T-E.

Was bedeuten die Buchstaben?

- S steht für Skills – also Fertigkeiten
- K steht für Knowledge – also Wissensbestandteile
- A steht für Ambition – also Motivation
- T steht für Talent – eben Talent
- E steht für Experience – also Erfahrung.

Um von einer Kompetenz zu sprechen, brauche ich von allem etwas. Nehmen wir hierfür noch einmal zum Beispiel Projektmanagement. Dort habe ich, wie im Beispiel oben, etwa den Wert 4,7 und ich will mich von diesem Wert aus weiterentwickeln.

Wenn ich die Kompetenz Projektmanagement anhand des SKATE-Modells beschreibe, kann ich mir sehr differenziert ansehen, auf welche Weise ich mich entwickeln kann.

Skills: Ich kann mir überlegen: Welche Skills im Sinne von praktischen Fertigkeiten oder Techniken habe ich im Bereich Projektmanagement? Kann ich zum Beispiel eine Projektmanagement-Software bedienen? Beherrsche ich typische Abläufe und Prozesse in Projekt-Techniken aus dem agilen Projektmanagement usw.?

Knowledge: Verfüge ich über Fachwissen in dem Bereich, in dem ein bestimmtes Projekt angesiedelt ist? Wenn ich z. B. ein Softwareprojekt managen soll, dann hilft es mir, wenn ich einiges Fachwissen über Software und über den Bereich habe, für den die Software entwickelt werden soll. Das ist unabhängig von den praktischen Skills des Projektmanagements.

Ambition: Habe ich Lust, das Softwareprojekt zu managen? Habe ich dafür Ambitionen? Will ich das wirklich oder übernehme ich den Job eher notgedrungen?

Talent: Es gibt Menschen, die haben Talent in einem bestimmten Bereich und in einem anderen eben nicht. Wenn ich kein Talent zum Organisieren habe , dann werde ich nie sehr gut darin werden, Projekte zu managen – egal, in welchem Bereich sie angesiedelt sind. Ich muss also mein Talent einschätzen können, um zu wissen, ob ich hier Potenzial habe oder nicht.

Experience: Wenn ich über mehr Erfahrungen verfüge, habe ich mehr Möglichkeiten, in diesem Bereich kompetent zu sein, als wenn ich etwas kaum oder noch gar nicht gemacht habe. Wenn ich noch keinerlei Erfahrungen im Projektmanagement habe, dann kann ich nicht sinnvollerweise von einer Kompetenz sprechen.

Wir erinnern uns an vorher: Die einzelnen Elemente sind Faktoren, die miteinander multipliziert werden. Das ist ein kleines Detail, das aber große Auswirkungen hat. SKATE ist also nicht Skills plus Knowledge plus Ambition plus Talent plus Experience, sondern diese einzelnen Faktoren werden miteinander multipliziert.

Damit kann man jetzt einmal spielen: Sagen wir, uns steht eine Skala von 0–3 zur Verfügung. Null – ich habe keine Erfahrung. Dann kann mir das Projekt gelingen, aber ich kann vorher nicht von mir behaupten, darin wirklich kompetent zu sein. Wenn ich keinerlei Skills habe oder nichts über einen bestimmten Bereich weiß, dann kann ich ebenfalls nicht gut argumentieren, in diesem Bereich wirklich kompetent zu sein.

Ich kann etwas können, aber dieses Können reicht dem SKATE-Modell zufolge nicht unbedingt dazu, mein Können als Kompetenz zu bezeichnen.

Kompetenzen entwickeln mit dem SKATE-Modell

Individuell ist es möglich, anhand des SKATE-Modells sehr differenzierte Fortbildungs- und Entwicklungsmöglichkeiten zu erkennen. Statt nur einen abstrakten Wert von 4,7 auf 5,5 zu verbessern, ist es möglich, die einzelnen Komponenten von Kompetenzen nach dem SKATE-Modell weiterzuentwickeln. Es ist möglich, sich zu überlegen, ob Fertigkeiten, Wissen oder Erfahrung gesammelt werden sollten.

Es gibt zwei Sonderfälle: Ambition und Talent – diese kann man nicht gut aktiv verändern. Sie verändern sich weitgehend ohne eigenes Zutun. Und wenn, wie gesagt, einer der Faktoren null oder nahe null ist, dann ist diese ganze Kompetenz eventuell gleich null. Dann kann man in diesem Bereich etwas können, aber es reicht nicht, es sich als Kompetenz auf die Fahnen zu schreiben.

Noch ein kurzer Ausblick: das SKATE-Modell eignet sich nicht nur, um die Kompetenzen einzelner Personen abzubilden, man kann auch Kompetenzmodelle damit sehr viel differenzierter aufbauen als mit einer bipolaren Skala. Man kann anhand des SKATE-Modells Entwicklungsbedarfe in Teams analysieren und strategische Personalentwicklung individualisieren, statt wie immer noch häufig üblich Bildungsangebote mit der Gießkanne unter den Menschen zu verbreiten.

Man kann außerdem die Kernkompetenzen von ganzen Unternehmen oder Unternehmenseinheiten damit beschreiben oder auch die Entwicklungsmöglichkeiten von Teams damit in den Fokus nehmen. Haben wir im Team, in der Unit, im Unternehmen die nötigen Skills, das nötige Wissen, die Lust darauf, die nötigen Talente dafür und die Erfahrung, um uns in einen neuen Geschäftsbereich zu bewegen?

Solche und weitere spannende Fragen lassen sich mit Hilfe des SKATE-Modells ergebnisorientiert stellen und eben auch beantworten.

Kompetenzbereiche

Wir unterscheiden vier Teilbereiche, in die wir Kompetenzen systematisch einordnen können. Auch hierzu gibt es selbstverständlich unterschiedliche Meinungen. Dazu sei gesagt, dass die Aufteilung der Kompetenzen in die folgenden vier Bereiche eine Orientierungshilfe darstellen soll, es ist eine Möglichkeit, Kompetenzen zu sortieren und zuzuordnen, nicht aber ein Zwangssystem, das immer so und nicht anders zu sein hat. Aus unserer Erfahrung hat sich diese Einteilung als sehr gut tauglich erwiesen. Demnach lassen sich Kompetenzen einteilen in:

Fachkompetenzen

Häufig sind dies die Kompetenzen, über die Sie am leichtesten Auskunft geben können. Die fachlichen Kompetenzen lassen sich einerseits durch Ihre fachlichen Qualifikationen, also auch durch Ihre Zeugnisse und formellen Abschlüsse, belegen. Allerdings sind fachliche Kompetenzen mehr. Fachliche Kompetenzen können Sie durch Ausbildungen, in Ihrer Arbeitstätigkeit, aufgrund privater Interessen oder auch in der Familie erworben haben.

Die Leitfrage für die fachlichen Kompetenzen lautet:

Was sind meine fachlich gelernten Voraussetzungen, um Aufgaben zu bewältigen?

Einige Beispiele: Ausbildungen und Abschlüsse, Computerkenntnisse, Handwerke, betriebswirtschaftliche Kenntnisse, Zeichnen, Texte verfassen, Sprachkenntnisse usw.

Methodische Kompetenzen

Unter methodischen Kompetenzen verstehen wir die Art und Weise, wie Personen mit Aufgabenstellungen und Problemen umgehen. Ausgeprägte methodische Kompetenzen verhelfen dazu, Ziele umfassend und effektiv bearbeiten zu können. Manche methodischen Kompetenzen können auch Anteile fachlicher Kompetenzen haben.

Wie gehe ich an Aufgaben und Herausforderungen heran?

Einige Beispiele: Aufgaben und Arbeiten planen, ausgeprägtes Problemlöseverhalten, systematisches Arbeiten, Moderation von Gruppen, Prozesse organisieren, Zeitmanagement, transparentes Arbeiten usw.

Soziale Kompetenzen

Soziale Kompetenzen bezeichnen die Fähigkeiten von Personen im Umgang mit anderen Menschen. Soziale Kompetenzen dienen dem Austausch und der Verständigung mit anderen Personen und sind eine Grundlage dafür, Beziehungen aufbauen, gestalten und erhalten zu können.

Die Leitfrage für die sozialen Kompetenzen lautet: Wie gehe ich mit anderen Menschen um?

Einige Beispiele: In der Gruppe Verantwortung übernehmen, Kooperationsfähigkeit, Anpassungsfähigkeit, schnell Beziehungen aufbauen können, Durchsetzungsvermögen, Einfühlungsvermögen, gemeinsam eine Aufgabe lösen, andere in eine Gruppe integrieren usw.

Personale Kompetenzen

Personale Kompetenzen sind grundlegende Fähigkeiten, die es Ihnen ermöglichen, Ihr eigenes Leben aktiv zu gestalten. Personale Kompetenzen sind sehr stark in der Person verwurzelt und können manchmal auch so etwas wie Persönlichkeitseigenschaften sein.

Die Leitfragen für die personalen Kompetenzen lauten: Wie gehe ich mit mir selbst um? Welche Eigenschaften habe ich?

Einige Beispiele: Anpassungsbereitschaft, Ausdauer und Belastbarkeit, Begeisterungsfähigkeit, eigenverantwortliches Handeln, Bereitschaft zur Selbstentwicklung, eigene Entscheidungen treffen usw.

Häufig wird die Frage gestellt, ob es eine eindeutige Zuordnung zu den einzelnen Kompetenzbereichen gibt. Diese Frage möchte ich wie schon oben erwähnt klar mit nein beantworten. Die vier Kategorien sind nicht völlig trennscharf zueinander und derselbe Kompetenzbegriff kann bei unterschiedlichen Menschen in unterschiedliche Kategorien eingeordnet werden.

Bei Lehrpersonal etwa sollte »gut erklären können« eine fachliche Kompetenz sein. Ein Programmierer, der Kollegen etwas gut erklären kann, würde diese Kompetenz etwa eher als sozial betrachten. Kreativität ist für manche eine personale Kompetenz, für andere eine methodische Kompetenz. Kompetenzen sind sprachliche Konstrukte für einen Komplex aus Skills, Knowledge, Ambition, Talent und Experience. Kompetenzbegriffe sind immer Hilfsworte, um etwas Komplexeres, darunter Liegendes zu beschreiben. Ebenso sind die Kompetenzkategorien ein Stück weit willkürlich. Sie helfen uns, Schwerpunkte von Kompetenzen zu akzentuieren und Ordnung in die Kompetenzbegriffe zu bringen. Aber auch sie sind Hilfsworte für das, was ein Mensch wirklich kann.

1.6 Was bewirkt die Kompetenzenbilanz?

1.6.1 Die Studie

Es wurden seit 2005 zahlreiche empirische Studien mit der Kompetenzenbilanz durchgeführt. Zunächst als quantitative Studien zu ihrer Wirksamkeit Diese zeigen auf unterschiedlichen Ebenen auf, ob und in welcher Weise die Kompetenzenbilanz eine Intervention ist, die positive psychologische Effekte bei den Coachees auslöst. Zum damaligen Zeitpunkt war das eine der größten Coaching-Wirkungsstudien im deutschsprachigen Raum. Es handelte sich um eine Längsschnittstudie mit 144 vollständigen Datensätzen von Coachees, die über sieben Monate begleitet wurden. Alle Teilnehmer dieser Studie wurden von unter denselben Bedingungen ausgebildeten Coaches gecoacht, die nach denselben Methoden mit dem jeweils selben Zeitbudget mit ihren Coachees arbeiteten.

Die Fragebogenstudie umfasste vier Messzeitpunkte. Die erste Messung bzw. das erste Interview (T1) fand vor dem Einführungsgespräch statt. Der zweite Untersuchungszeitpunkt (T2) lag unmittelbar nach dem Abschlussgespräch. Die dritte Messung (T3) war zwei Monate nach dem Abschlussgespräch angesetzt. Eine letzte Befragung (T4) sollte sechs Monate nach dem Abschlussgespräch die Nachhaltigkeit möglicher Effekte der Kompetenzenbilanz überprüfen. Außerdem wurde zu zwei Messzeitpunkten eine Kontrollgruppe erhoben, um Messwiederholungseffekte und Spontanveränderungen ausschließen zu können und um etwaige Veränderungen der Interventionsgruppe auf die Intervention durch die Kompetenzenbilanz zurückführen zu können.

Die Inhalte der Fragebögen der quantitativen Evaluation bezogen sich auf zwei Aspekte:

- subjektive Bewertung der Methode durch die Teilnehmer
- Messung psychologischer Variablen und deren etwaige Veränderung.

Ich möchte für eine detaillierte Darstellung der Ergebnisse auf diverse wissenschaftliche Veröffentlichungen verweisen, mich hier aber auf eine gut lesbare Darstellung konzentrieren.[1]

1.6.2 Zufriedenheit

92,8% der quantitativ evaluierten Teilnehmer der Kompetenzenbilanz würden das Coaching Freunden oder Bekannten weiterempfehlen. Auch der Nutzen der einzelnen Verfahrensschritte wurde beinahe einhellig als positiv bewertet, nämlich von jeweils 80% der Teilnehmer als »positiv« oder »eher positiv« eingestuft.

Bemerkenswert an den Ergebnissen ist insbesondere die Bewertung der Gespräche mit den Coaches und die Erstellung des Lebensprofils sowie die Besprechung desselben. 95,7% der Teilnehmer bewerten den Nutzen des Lebensprofils als eher positiv (13,1%) oder positiv (82,6%). Die Zusammenarbeit mit dem Coach wird von 85,8% der evaluierten Teilnehmer als positiv bewertet und von 8,7% als »eher positiv« (gesamt: 94,5%).

---

1 Vergleiche hierzu z.B. Triebel, C. (2009). Kompetenzbilanzierung als psychologische Intervention. Wirkfaktoren und Wirkprinzipien in Laufbahnberatung und Coaching. Dissertation an der Universität der Bundeswehr München. Online-Publikation: http://137.193.200.7:8081/doc/86279/86279.pdf; Lang-von Wins, T. & Triebel, C. (2005). Die Kompetenzenbilanz – ein Verfahren zur Förderung eigenverantwortlichen Handelns. Gruppendynamik und Organisationsberatung, Heft 2, 2005, S.173–188.

1.6.3 Psychologische Wirksamkeit

Die psychologische Wirksamkeit des Verfahrens wurde mit mehreren psychometrischen Skalen erfasst. Folgende Instrumente kamen dabei zur Anwendung:

- Proaktivität
- Fragebogen zu Kontroll- und Kompetenzüberzeugungen, im Detail:
  - Selbstkonzept eigener Fähigkeiten
  - Internale Kontrollüberzeugungen
  - Fatalistische Externalität
  - Generalisierte Selbstwirksamkeitsüberzeugungen
- Stressverarbeitungsfragebogen
  - Vermeidungstendenzen
  - Einholen sozialer Unterstützung
  - Gedankliche Weiterbeschäftigung
  - Subjektives Belastungsempfinden
    - beruflich
    - privat

1.6.4 Ergebnisse

Proaktivität

TeilnehmerInnen werden durch die Kompetenzenbilanz nachhaltig in die Lage versetzt, stärker aktiv und gestaltend auf Probleme und Aufgabenstellungen zuzugehen, als ihnen dies vor der Kompetenzenbilanz möglich war.

In der qualitativen Studie finden wir Belege dafür:

Eine Aussage hierzu:

> »Das hat sich schon geändert. Ich kann mich besser organisieren, auch finanziell; kann besser schauen, dass ich nicht kopflos was mache; aber schon versuchen, über die Hindernisse zu gehen und was zu wagen.«

Dieses Ergebnis ist umso erstaunlicher, als die Proaktivität von Personen weitgehend als stabile Eigenschaft beschrieben wird, die sich nur langsam verändert oder entwickelt.

Aber es ist nicht nur die Einstellung, die sich ändert. Die Einstellungsänderung sorgt auch für das konkrete Angehen beruflicher Ziele. Die Liste der Beispiele ist sehr lang. An dieser Stelle folgen hier einige Äußerungen, die aus der Interviewstudie zur Kompetenzenbilanz dokumentiert sind. Die Facetten dessen, was nach der Kompetenzenbilanz in Angriff genommen oder umgesetzt wird, sind vielfältig. Beruflicher Neuanfang, neuer Job, Wiedereinstieg, Wiederbelebung eines Hobbys, Verbesserung der Situation im neuen Job, neue Ausbildung/neues Studium, Reduzierung der Arbeitszeit, Aufstieg.

Hier ein paar Originalaussagen für einige Aspekte hieraus:

> »Ich habe eine tolle Chance bekommen, wenn ich ein Resümee ziehen soll. Über das denke ich natürlich pausenlos nach. Das ist hundertmal analysiert worden. Ich habe eine Riesenchance bekommen. Durch diese Kompetenzenbilanz hat sich grundlegend sehr viel verändert in meiner Arbeitssituation und ich habe mich sehr verändert.«

> »Es war bei mir eigentlich ganz witzig, als ich die Kompetenzenbilanz gemacht habe, habe ich mir gedacht, es kann eigentlich alles mal so bleiben, wie es ist. Das war damals. Und deshalb, ja, und eigentlich danach haben die Veränderungen begonnen.«

> »Ich war arbeitslos, als ich die Kompetenzenbilanz gemacht habe, und jetzt habe ich angefangen zu studieren.«

Selbstkonzept eigener Fähigkeiten

Personen, die hohe Werte in der Skala »Selbstkonzept eigener Fähigkeiten« aufweisen, können als selbstsicher und aktiv beschrieben werden. Sie sind in neuartigen Handlungssituationen ideenreicher als Personen mit niedrig ausgeprägten Werten auf dieser Skala und besitzen ein hohes Selbstvertrauen. Das Selbstkonzept eigener Fähigkeiten wird allgemein als relativ stabile Eigenschaft von Personen beschrieben.

Die Kompetenzenbilanz bewirkt bei den Teilnehmer:innen kurzfristig eine deutliche Erhöhung des Selbstkonzepts eigener Fähigkeiten. Es ist anzunehmen, dass sich dieser Effekt auch langfristig zeigen wird, wenn also alle Fragebögen der Studie eingegangen und ausgewertet sein werden. Eine Aussage hierzu:

> »Ich habe mir sicher aufgrund der Kompetenzenbilanz ganz andere Dinge zugetraut, als primär aus meiner ursprünglichen Ausbildung eigentlich herauszulesen wäre. Ich wurde auch wieder sehr viel offener. Das hat mir viel gebracht.«

Überzeugung, Probleme aus eigener Kraft lösen zu können

Menschen mit hoher internaler Kontrollüberzeugung sehen Erfolge als abhängig von eigener Anstrengung und persönlichem Einsatz. Sie erleben eigene Handlungen als wirksam und effektiv. Die internalen Kontrollüberzeugungen werden allgemein als relativ stabile Eigenschaften von Personen beschrieben.

Teilnehmer:innen erleben ein halbes Jahr nach der Kompetenzenbilanz ihre eigenen Handlungen als wirksamer und effektiver als vor der Kompetenzenbilanz. Sie fühlen sich eher selbst als »ihres Glückes Schmied« als dies zuvor der Fall war. Eine Aussage hierzu:

> »Ich habe eine positivere Einstellung gegenüber der Zukunft als früher. Ich mache mir nicht so viele Sorgen wie früher. Ich denke, dass viel in meinen Händen liegt.«

> »Die Einstellung hat sich geändert. Wobei, ich kann jetzt nicht sagen, das hat sich durch die Kompetenzenbilanz schlagartig geändert. Es hat sich herausgearbeitet, dass ich doch ein Interesse am Sozialen habe. Es ist so schleichend gegangen. Das ich das versuche mehr zu integrieren in meinem Beruf.«

Selbstwirksamkeitsüberzeugungen

Personen mit hoher Selbstwirksamkeitsüberzeugung können als aktiv, handlungsfähig und sicher in ihrer Handlungsplanung und -realisation beschrieben werden. Die Selbstwirksamkeitsüberzeugungen werden allgemein als relativ stabile Eigenschaften von Personen verstanden. Teilnehmer:innen sind ein halbes Jahr nach Abschluss der Kompetenzenbilanz deutlich aktiver und handlungsfähiger als zuvor. Zwei Aussagen hierzu:

> »Und das ist der große Effekt, den die Kompetenzenbilanz für mich gehabt hat, einfach Klarheit in die eigene Richtung zu bringen.«

> »Und ich stehe halt am Anfang von diesen Aufgaben. Wie gesagt, ich spüre auch dahinter ganz viel, was sein kann. Wenn ich will. Das liegt an mir.«

Stressverarbeitung

Die Teilnehmer:innen der Kompetenzenbilanz sind ein halbes Jahr nach Abschluss der Kompetenzenbilanz besser in der Lage, Stress zu verarbeiten, als ihnen dies zuvor möglich gewesen ist. Auf der Skala »Gedankliche Weiterbeschäftigung« geben sie in Bezug auf belastende Situationen deutlich niedrigere Werte als vor der Kompetenzenbilanz an. Das bedeutet, dass sie durch die Kompetenzenbilanz besser dazu in der Lage sind, nach belastenden Situationen »abzuschalten« und auf diese Weise eine größere Gelassenheit gegenüber belastenden Situationen entwickeln können, als sie vorher dazu imstande waren.

Eine Aussage hierzu:

> »Ich bin ruhiger geworden durch die Kompetenzenbilanz, ich habe mich selbst kennengelernt und weiß jetzt, was ich kann. Ich stress mich nicht mehr so.«

1.6.5 Beschäftigungstage und Einkommen

Es wurde außerdem eine volkswirtschaftliche Studie mit 866 Teilnehmern der Kompetenzenbilanz unternommen, deren Entwicklung ein Jahr nach der KB untersucht wurde (Gregoritsch et al. 2007). Von diesen 866 Coachees wurden die Sozialversicherungsdaten aufgenommen. Zu dieser Stichprobe wurden so genannte statistische Zwillinge gesucht. Personen, die also über ein ähnliches Alter und einen ähnlichen sozioökonomischen Status (Einkommen, Bildungsstand, Beschäftigung) verfügten.

Was wurde hierbei festgestellt?

50 % der Coachees der Kompetenzenbilanz konnte das Einkommen im Verhältnis zur Vergleichsgruppe steigern. 30 % verdienten weniger als die Vergleichgsgruppe der statistischen Zwillinge. Dies ließ sich darauf zurückführen, dass diese Personen überwiegend entweder eine Weiterbildung angetreten haben oder ihre Arbeitszeit reduzierten. Bei 20 % der Coachees veränderte sich nichts am sozioökonomischen Status.

Bei denjenigen, die das Einkommen steigern konnten, liegt die Einkommenssteigerung im Schnitt bei 7.740 Euro.

Wenn man den Durchschnitt aller Kompetenzenbilanz-Absolventen anschaut, lässt sich der Durchschnitt der Einkommenssteigerung im Jahr nach dem Karrierecoaching auf 1.200 Euro beziffern.

1.6.6 Weitere Studien

Es gibt zahlreiche weitere Studien zur Wirksamkeit der Kompetenzenbilanz, die jeweils die dargestellten Ergebnisse im Wesentlichen bestätigen. Aktuelle und zurückliegende Entwicklungen und Veröffentlichungen werden regelmäßig auf der Website www.kompetenzenbilanz.de angezeigt.

1.7 Erleben – erkennen – wollen – machen

1.7.1 Warum wirkt die Kompetenzenbilanz?

Ich habe geschildert, welche Wirkungen die Kompetenzenbilanz bei Coachees auslösen kann.

Es ist nun zunächst einmal erfreulich, dass kompetenzorientierte Beratung wirksam ist. Es ist davon auszugehen, dass viele andere Beratungsverfahren ebenfalls nützlich und hilfreich sind. Um jedoch gute Beratung nachhaltig zu etablieren, ist es wichtig zu überlegen und zu forschen, welche Prozesse hinter guter Beratung liegen und wie man als Berater:in sich selbst und die eigene Arbeit mit den Klient:innen bewerten und verbessern kann. Insbesondere deshalb, weil die Beratungssituation meist eine intime Situation ist, in der der Gesprächsprozess nur schwer von anderen beurteilt werden kann bzw. in den Außenstehende gar keinen richtigen Einblick haben.

Häufig wird die Wirkung von Coaching und Beratung einfach nach Plausibilität angenommen. Noch häufiger werden Einzelerfahrungen verallgemeinert und ohne wissenschaftliche Grundlage zu einer Art Gesetzmäßigkeit erhoben.

Ein Beispiel: In der Beratung kann der Coach eine dominante Rolle einnehmen oder aber versuchen, auf Augenhöhe mit dem Klienten zu sprechen. Für beide Positionen kann es zahlreiche Einzelerfahrungen geben, die die jeweilige Position stützen können. Beide kann man auch auf irgendeine Weise begründen. Z. B. kann man die dominante Rolle des Coaches damit begründen, dass der Teilnehmer ja in die Beratung komme, weil er eben mit seinen Problemen überfordert ist. Diese sollten nun von einem professionellen Berater gelöst werden.

Wir haben bereits weiter oben besprochen, dass wir eine andere Position vertreten. Dennoch: Sinnvoll und gut ist es, wenn man das eigene Vorgehen immer auch fundiert begründen kann, um für sich selbst und auch gegenüber anderen eine Leitlinie für das eigene Handeln zu haben.

Ein weiteres Beispiel: Häufig wird gefordert, man solle in das Karrierecoaching doch einen Stärken- und Schwächentest einbauen. Diese angebliche Notwendigkeit wird auf unterschiedlichste Art und Weise begründet. So wird gesagt, man müsse doch die eigenen Schwächen kennen, um diese gleichermaßen »ausmerzen« zu können. Oder es wird angenommen, nur ein objektiver Test sei in der Lage, zur Reflexion anzuregen und »echte« Ergebnisse zu liefern. Oder aber es wird einfach gesagt, es sei interessant, einen solchen Test zu machen.

Wie auch immer. In der Kompetenzenbilanz nehmen wir nicht an, dass ein Test ein sinnvolles Vorgehen einleitet. Allerdings ist es wichtig, diesen Standpunkt nicht einfach nur auszusprechen, sondern ihn auch begründen zu können. Und dieses Begründen ist gar nicht so einfach. Eine Reihe von Beratungsliteratur beschränkt sich deshalb auf bloßes Behaupten. Warum aber die gewählte Vorgehensweise sinnvoll und richtig ist – eine Frage, die eine wichtige Voraussetzung dafür darstellt, das eigene Handeln auch verbessern zu können -, bleibt häufig außen vor.

Anleihen für eine solche Begründung des beraterischen Vorgehens gibt es aus der Therapieforschung.

1.7.2 Wirkprinzipien nach Klaus Grawe

Der Psychotherapeut Klaus Grawe hat in den 1980er und 1990er-Jahren umfangreiche Evaluationsstudien unternommen (Grawe 2000). Seine Erkenntnis hierbei war ebenso einfach wie überraschend: Erfolgreiche Therapeuten, solche also, die ihren Klient:innen gut helfen und dies auch nachweisen können, halten sich, je länger sie in der Praxis arbeiten, immer weniger an die Therapieschule, aus der sie ursprünglich kommen. Der Verhaltenstherapeut stößt sich seine verhaltenstherapeutischen Hörner ab und sieht den Menschen nicht nur als Black-Box, der Reiz-Reaktionsmustern folgt, und der Psychoanalytiker kümmert sich nicht nur um frühkindliche Traumata etc.

Vielmehr konnte Grawe herausarbeiten, dass sich das therapeutische Handeln erfahrener und erfolgreicher Therapeuten einander anglich. Er konnte auf diese Weise ein Prozessmodell erarbeiten, das wirksame Therapieverläufe beschreibt. Dieses Prozessmodell konnte nun auf kompetenzorientierte Beratung umgelegt werden. Es zeigte sich, dass kompetenzorientierte Beratung zwar nicht therapeutisch arbeitet, aber nach ganz ähnlichen Prozessschritten psychologischer Intervention aufgebaut ist. Diese Prozessschritte sollten in jedem Beratungsverlauf, der auch eine tatsächliche Veränderung bewirken soll, durchlaufen werden. Ein kurzer Überblick über diese Prozessschritte: Als zentrale Wirkprinzipien der Psychotherapie und psychologisch orientierter Beratungen beschreibt Grawe die psychischen Funktionsweisen

- der Intentionsrealisierung,
- der Intentionsveränderung,
- der Ressourcenaktivierung und
- der prozessualen Aktivierung.

In der langjährigen Arbeit mit der Kompetenzenbilanz und in zahlreichen Studien konnte herausgearbeitet werden, dass diese Prinzipien auch im Coaching besonders wirksam sind.

Grundlegend ist zudem eine positive, vertrauensvolle Beziehung zwischen Coach und Coachee. Wichtig ist jedoch, dass diese positive Beziehung nicht als eigenständiger Wirkfaktor angenommen wird, sondern vielmehr die Grundlage und den Rahmen für eine wirksame Intervention bildet. Eine positive Beziehung ist somit notwendig, aber nicht hinreichend für einen erfolgreichen Coachingprozess.

Ich möchte die einzelnen Schritte der oben dargestellten Dramaturgie kurz ausführen und sie jeweils auch bereits auf den Coachingkontext der Kompetenzenbilanz beziehen.

Prozessuale Aktivierung – Erleben

Das Wirkprinzip der prozessualen Aktivierung findet sich in nahezu allen Formen von wirksamen Therapien bzw. psychologischen Interventionen. Interventionen setzen in den meisten Fällen auf den Wert der unmittelbaren Erfahrung. Eine psychologische Intervention ist nicht oder kaum vorstellbar, ohne dass die beratene Person in irgendeiner Weise emotional aktiviert wird. Grawe stellt fest, dass die prozessuale Aktivierung eine wichtige Voraussetzung für Realisierungs- und Klärungsprozesse darstellt, an denen die Klienten eine emotionale Beteiligung verspüren müssen. Zu Beginn eines Beratungsverfahrens sollte somit das Erleben stehen: »Was hier geschieht, hat ganz unmittelbar mit mir zu tun.« Auf dieser Grundlage scheiden z.B. testpsychologische Verfahren als Initialmoment eines Coachings weitgehend aus. Denn in derartigen Verfahren geschieht gerade nichts Emotionales, Aktivierendes, Erlebnishaftes. Ganz im Gegenteil – Tests objektivieren, distanzieren, stellen keine Beziehung zwischen Coach und Coachee her, sondern vielmehr eine Hierarchie. Denn Tests sind intransparent für die Coachees, sie sind nur dann sinnvoll, wenn die Coaches hier die Experten sind. Trotzdem ist nichts gegen Tests einzuwenden – sie sind nur nicht sinnvollerweise zu Beginn von Coachingprozessen einsetzbar.

Grawe nennt diesen ersten Schritt einer Intervention »Prozessuale Aktivierung«. Für das Coaching habe ich diesen Prozessschritt umbenannt in »Erleben«

Es ist wichtig für Klient:innen zu erleben, dass sie eine bestimmte Fragestellung haben, die sie selbst und als ganze Person betrifft. Zugleich erleben Klient:innen in erfolgreichen Beratungen zu Beginn, dass ihr Problem nicht rein kognitiv oder durch irgendwelche Tricks zu lösen ist. Es ist wichtig, dass die Klient:innen außerdem erleben: In der Beratung geht es um mich und nicht um irgendwelche äußerlichen Kriterien, denen ich entsprechen muss.

In der Kompetenzenbilanz wird dieses Erleben vor allem durch die biografische Arbeit angestoßen, insbesondere in der Biografischen Sammlung und im Lebensprofil.

Ressourcenaktivierung – Erkennen

Grawe bezieht sich in der Beschreibung des Wirkprinzips auf die gängige Unterscheidung zwischen der Ressourcen- und der Problemperspektive, von der aus Menschen und deren Symptome und auch Pathologien betrachtet werden können. Grawe geht davon aus, dass eine Problemperspektive mitunter für die Analyse von Sachverhalten und Veränderungszielen sinnvoll und wichtig sein kann, nicht jedoch für die Erarbeitung von Veränderungsmöglichkeiten. Orlinsky, Grawe und Parks (1994) weisen nach, dass insbesondere die Verantwortungsübernahme für das Erarbeiten von Lösungsmöglichkeiten durch die Klienten eine wichtige Einflussgröße für den therapeutischen Erfolg ist.

Unter Ressourcen können in diesem Zusammenhang alle Quellen verstanden werden, »aus denen ein Mensch sein Selbstwertgefühl bezieht« (Orlinsky et al. 1994, S. 34). Darunter können zahlreiche Aspekte der seelischen Gesamtsituation verstanden werden, aber auch Konstellationen, die die Gesamtsituation einer Person betreffen.

Eine ressourcenaktivierende Intervention begünstigt den Aufbau einer positiven Bindung zwischen Klient und Therapeut. Sie zielt grundsätzlich darauf ab, die Möglichkeiten eines Patienten oder Klienten aufzuzeigen und diese zu erarbeiten. Wir können in diesem Zusammenhang von einer Veränderung der generalisierten Selbstwirksamkeitserwartungen sprechen, die wiederum als Indikator einer erfolgreichen und wirksamen Intervention verstanden werden können.

Grawe nennt diesen zweiten Schritt einer Intervention »Ressourcenaktivierung«. Für das Coaching habe ich diesen Prozessschritt umbenannt in »Erkennen«.

In dieser Phase der Beratung erkennen die Klient:innen, dass sie grundsätzlich selbst für die Lösung ihres Problems verantwortlich sind und dass sie ganz grundsätzlich über Möglichkeiten verfügen das eigene Problem auch tatsächlich zu lösen. Diese Ressourcen zur Bewältigung des Problems mögen noch nicht genügend ausgeprägt sein, aber sie sind als Anlage zumindest da. Das ist eine wichtige Grundlage für das Erkennen, das eigene Problem zumindest grundsätzlich für lösbar zu halten.

Die Ressourcenaktivierung geschieht in der Kompetenzenbilanz teilweise durch das biografische Arbeiten, vor allem aber durch das Erarbeiten von Fertigkeiten und Kompetenzen und durch das Belegen und Argumentieren von Kompetenzen.

Intentionsveränderung – Wollen

Grawe bezeichnet dieses Wirkprinzip auch als »motivationale Klärung« (Grawe 2000). Er beruft sich in der Ausführung dieses Prinzips auf die Wirksamkeit klärungsorientierter Ansätze, wie sie beispielsweise aus der Individualpsychologie Adlers und der Gesprächspsychotherapie nach Rogers (1959) bekannt sind. Aber auch andere Interventionsansätze, wie beispielsweise die Kurzzeittherapie nach de Shazer (1985), können als Beispiel für wirksame klärungsorientierte Ansätze genannt werden. Im Sinne des hier vorgestellten Wirkprinzips soll die motivationale Klärung die Klienten dazu befähigen, selbständig Intentionen und Vorhaben für deren Umsetzung zu entwickeln. Somit können Klärung und Realisierung als zwei Phasen eines Prozesses bezeichnet werden.

Grawe nennt diesen dritten Schritt einer Intervention »Intentionsveränderung«. Für das Coaching habe ich diesen Prozessschritt umbenannt in »Wollen«.

Durch das Erleben, für die Lösung des eigenen Problems selbst verantwortlich zu sein, und das Erkennen der eigenen Ressourcen setzt bei den meisten Menschen ein Prozess der Veränderung der eigenen Vorhaben ein. Dieser Prozess kann unterstützt werden hinsichtlich dessen, worin diese Vorhaben bestehen, welche Ziele ein Mensch hat und welche nächsten Schritte er gehen möchte. Diese können von keinem Berater vorgegeben werden. Sie müssen sich aus dem Erleben und dem Erkennen ergeben.

Gestützt werden kann der Prozess in der Kompetenzenbilanz durch das Erarbeiten der Werte, durch den Abgleich der derzeitigen und der idealen Situation und das Niederschreiben konkreter nächster Schritte.

Intentionsrealisierung/Problembewältigung – Machen

Nach Grawe ist insbesondere die beraterisch-therapeutische Unterstützung bei der Umsetzung der gesetzten Ziele ein wesentliches Wirkprinzip psychologischer Intervention. Das Wirkprinzip der Intentionsrealisierung wird von Grawe selbst auch als Prinzip der »Problembewältigung« bezeichnet. Gemeint ist im etwas weiteren Sinne ein generell lösungsorientiertes Vorgehen, das einem problem- oder auch defizitorientierten Vorgehen vorzuziehen ist. Somit ist mit dem Prinzip der Intentionsrealisierung ein Aspekt der Intervention gemeint, der die Stärke, die inhaltliche Ausrichtung, die Umsetzbarkeit und damit verbundene Selbstwirksamkeitserwartungen miteinander vereint.

Grawe nennt diesen vierten Schritt einer Intervention Intentionsrealisierung/Problembewältigung«. Für das Coaching habe ich diesen Prozessschritt umbenannt in »Machen«.

Auch eine innerliche Veränderung ist langfristig nur dann eine Veränderung, wenn sie auch irgendeine äußerlich sichtbare Veränderung mit sich bringt. Ich muss also etwas ganz Konkretes tun, wenn ich mir etwas vorgenommen habe. In der Evaluation kompetenzorientierter Beratung haben wir gesehen, dass Menschen, die nach der Kompetenzenbilanz ein Vorhaben umsetzen, nach einem halben Jahr noch immer positiv von dem Beratungsprozess beeinflusst sind. Geschieht keine solche konkrete Umsetzung eigener Vorhaben, verschwindet der positive Effekt der Beratung einfach wieder.

Dieses »Machen« kann den Klient:innen von den Berater:innen nicht abgenommen werden. Man kann es nur vorbereiten und ggf. durch das Angebot, in Problemfällen zur Verfügung zu stehen, begleiten.

1.7.3 Die Wirkprinzipien der Kompetenzenbilanz

Das Besondere an der Kompetenzenbilanz ist, dass es ein Coaching ist, das diese Wirkprinzipien *Erleben – Erkennen – Wollen – Machen* vollständig und konsequent verfolgt. Diese psychologische Wirklogik ermöglicht es, den Prozess von »Wer bin ich? Was kann ich? Was will ich?« konsequent in eine sinnvolle Reihenfolge zu bringen. Wenn man diese Schritte verinnerlicht hat und in Form der Kompetenzenbilanz verfolgt, wird es möglich, den zu Grunde liegenden Ansatz auch in unterschiedliche Kontexte und Formate zu tragen – eine sinnvolle und psychologisch begründete Coaching-Dramaturgie. Diese Wirkprinzipien lassen sich auch jeweils mit anderen Methoden umsetzen, die den jeweiligen psychologischen Sinn erfüllen.

KAPITEL 2

Methode und Prozess des potenzialorientierten Karrierecoachings – Die Kompetenzenbilanz

2.1 Die Kompetenzenbilanz: Ablauf

Die Kompetenzenbilanz – das wurde im Vorwort bereits gesagt – ist ein strukturiertes Karrierecoaching-Verfahren. Ich möchte die Kompetenzenbilanz an dieser Stelle beispielhaft bzw. idealtypisch vorstellen und dann auf die einzelnen Prozessschritte der Kompetenzenbilanz eingehen, die das Modell verallgemeinerbar und als grundlegenden Ansatz für den Aufbau von Karrierecoachingprozessen darstellen. Die Kompetenzenbilanz wurde 2003 entwickelt in Kooperation mit dem Zukunftszentrum Tirol. Seit diesem Zeitpunkt wurden über 500 Kompetenzenbilanz-Coaches im gesamten DACH-Gebiet ausgebildet. Weit über 30 000 Personen konnten über die Jahre hinweg von den Methoden der Kompetenzenbilanz profitieren.

Die Kompetenzenbilanz beruht auf wissenschaftlich begründeten Modellen. Einige davon habe ich bereits dargestellt. Für eine Vertiefung verweise ich an dieser Stelle auf die zahlreichen Publikationen, die ich und andere schon zu diesem Thema geschrieben haben. Ab jetzt soll es um die Praxis gehen.[2] Auch die psychologische Wirksamkeit der Kompetenzenbilanz als Coaching-Ansatz ist durch zahlreiche wissenschaftliche Evaluationen belegt. Es wurden auch »harte«,

2 Zum Beispiel: Lang-von Wins, T., Triebel, C. (2012). Karriereberatung. Heidelberg: Springer.

volkswirtschaftliche Daten zur Wirksamkeit der Kompetenzenbilanz herangezogen, die auch auf dieser Ebene belegen, dass das Verfahren ein hochwirksames Coaching ist. Ich bin bereits darauf eingegangen, verweise aber auch hier wieder auf die zahlreichen wissenschaftlichen Publikationen, die ich nicht im Einzelnen in diesem Buch referieren möchte.[3]

Wir können aus den Wirksamkeitsstudien zur Kompetenzenbilanz sehr präzise Aussagen darüber treffen, was ein Karrierecoaching unter welchen Bedingungen zu leisten imstande ist. Aus diesem Grund lässt sich dieser Ansatz auch verallgemeinern und es lassen sich Variationsmöglichkeiten und deren Grenzen klar beschreiben. Als Ansatz lässt sich die Kompetenzenbilanz eben nicht nur in der hier vorgestellten prototypischen Weise durchführen, sondern auch in unterschiedlichen Settings mit unterschiedlichen Zielgruppen anwenden.

Die »klassische« Form der Kompetenzenbilanz richtet sich an Personen, die zwischen 24 und 65 Jahren alt sind. Die Kompetenzenbilanz umfasst ein Einführungsgespräch und drei Coaching-Sessions von jeweils zwei Stunden Länge. Die Coaching-Sessions finden idealerweise im Abstand von ein bis zwei Wochen statt. Zwischen den Coaching-Sessions arbeiten die Coachees selbständig an verschiedenen Hausaufgaben. Hierfür müssen sie nochmals insgesamt mit ca. vier bis sechs Stunden Aufwand rechnen. Es handelt sich also um einen intensiven und aufwändigen Prozess, der etwas Zeit und auch Planung in Anspruch nimmt und nicht in einer Phase stattfinden sollte, in der die teilnehmende Person noch auf unterschiedliche Weise sonst zeitlich unter Druck steht.

Das Coaching schließt meist mit einer schriftlichen Kompetenzenbilanz ab, einem mehrseitigen Dokument, in dem die Ergebnisse des Prozesses dargestellt werden.

---

3 Zum Beispiel: Triebel, C. (2009). Kompetenzbilanzierung als psychologische Intervention. Wirkfaktoren und Wirkprinzipien in Laufbahnberatung und Coaching. Dissertation an der Universität der Bundeswehr München. Online-Publikation: http://137.193.200.7:8081/doc/86279/86279.pdf

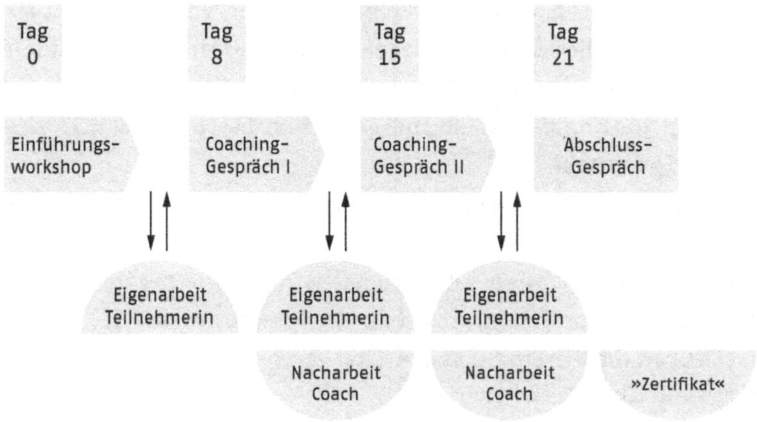

Ablaufschema Kompetenzenbilanz

Dieser idealtypische Prozess muss nicht gezwungenermaßen immer so und nicht anders abgebildet werden. Aber dies ist das Format, das wir am intensivsten, systematischsten und gründlichsten wissenschaftlich untersuchen konnten und über das sich besonders präzise Aussagen treffen lassen.

Es gibt viele Coaches, die genau nach dieser Dramaturgie arbeiten, andere erweitern den Prozess um einzelne Elemente oder betten Elemente aus der Kompetenzenbilanz in ihre sonstige Arbeit ein.

Wesentlich ist: Es handelt sich um einen Prozess, der keine größeren Unterbrechungen aufweist, der nicht abreißt, bei dem zu Beginn der jeweiligen Sitzung kein langwieriges Auf-Stand-Bringen erforderlich ist. Es ist natürlich auch nicht schlimm, wenn durch Krankheit, Urlaub oder sonstige Gründe eine Sitzung verschoben wird oder einmal eine größere Lücke entsteht. Aber der idealtypische Prozess sieht eben vor, dass keine allzu langen Abstände zwischen den einzelnen Sessions liegen.

Der gesamte Prozess bekommt dadurch einen besonderen Charakter: Im Wechselspiel von Coaching-Sessions und Hausaufgaben, die einander die Hand geben, handelt es sich nicht nur um einzelne Interventionssessions, sondern aus dem Orientierungsprozess wird idealerweise eine Phase, die der Coachee erlebt oder die man gemeinsam gestaltet.

Wenn man als Coach einen Prozess gestaltet, von dem der Coachee im Rückblick darauf Aussagen macht wie: »Im Herbst letzten Jahres hatte ich dann eine intensive Zeit, weil ich da ein Karrierecoaching/die Kompetenzenbilanz gemacht habe«, dann hat man vieles richtig gemacht.

Das bedeutet auch: Die Kompetenzenbilanz ist ein endlicher Prozess. Er kann, muss aber nicht bis dahin geführt werden, dass eine Person in den nächsten Job begleitet wird, sondern kann bereits davor enden. Dann nämlich, wenn die Person für sich die Fragen geklärt hat, die diesem Buch den Titel gegeben haben: Wer bin ich? Was kann ich? Was will ich?

Wie kann man sich nun in einer so intensiven Phase über mehrere Wochen einer Beantwortung dieser Fragen annähern? Ich stelle hier das Einzelcoaching dar. Aber die grundsätzliche Dramaturgie ist in allen Kontexten und mit allen Zielgruppen ähnlich. Ob nun mit Gruppen, Einzelpersonen, in Teams, mit Jugendlichen, mit Gründer:innen. Wir werden an späterer Stelle noch zur Frage kommen, auf welchen Wirkprinzipien diese Prozessschritte beruhen und wie uns die Orientierung an Wirkprinzipien hilft, das potenzialorientierte Karrierecoaching nach den immer gleichen Prinzipien in unterschiedliche Kontexte zu tragen. Um die Grundlegung zu verstehen, hilft jedoch ein vertiefter Blick auf den Ablauf des Prototyps des potenzialorientierten Karrierecoachings: die Kompetenzenbilanz im Einzelsetting.

Bevor ich auf alle einzelnen Stationen und Inhalt im Detail eingehe, möchte ich vorab gewissermaßen in Vogelperspektive den Ablauf beschreiben.

Eine Kompetenzenbilanz hat vier Sessions – eine Einführungssession und drei Coachingsitzungen.

Am Anfang steht ein Kennenlern- und Auftragsklärungsgespräch. In diesem Auftaktgespräch werden – neben dem üblichen gegenseitigen Kennenlernen – das Vorgehen und die einzelnen Schritte der Kompetenzenbilanz im Detail erklärt. Zur Kompetenzenbilanz existieren zahlreiche Arbeitsmaterialien, die in diesem Termin gezeigt werden. Ich empfehle generell dieses sehr transparente Vorgehen. Es gibt den Coachees das Gefühl, den Prozess selbst in der Hand zu haben und steuern zu können. Ich halte es auch für sehr wichtig, die Möglichkeit zu lassen, den Prozess nach dem Auftaktgespräch nicht fortzuführen. Dies ist für beide Seiten wesentlich.

Im ersten Coaching-Gespräch wird dann nochmals der Prozess erläutert und die Arbeitsmaterialien werden übergeben. Findet das Coaching online statt, so werden dem Coachee ebenfalls möglichst alle Unterlagen und Übungen aus dem folgenden Prozess bereitgestellt. Es gibt Coaches, die mit der Übergabe der Unterlagen zurückhaltend sind. Diese Zurückhaltung halte ich für völlig unangebracht. Es gibt keinen sachlichen Grund, aus dem heraus Coachees nicht sämtliche Arbeitsmaterialien, mit denen sie es im Verlauf des Coachings zu tun haben werden, von Beginn an in der Hand zu haben.

Im Einführungsgespräch schärfen wir außerdem noch einmal das Anliegen der Coachees nach und geben ihnen eine erste biografische Aufgabe an die Hand: eine Biografische Sammlung, in der sich die Teilnehmer anhand von Leitfragen Gedanken darüber machen: Wie bin ich eigentlich die Person geworden, die ich heute bin? Diese Biografische Sammlung bildet den Einstieg in die biografische Arbeit ab und ermöglicht den Coachees, selbstgesteuert die Reflexion über Lernerfahrungen und persönliche Werte zu beginnen.

Wir geben außerdem eine Hausaufgabe: in Eigenarbeit sollen die Teilnehmer ein Lebensprofil anfertigen. Das Lebensprofil ist ein großes Plakat, auf dem die bisherige Biografie dargestellt ist. Unterteilt in unterschiedliche Bereiche: Beruf, Aus-, Fort- und Weiterbildung, Andere Interessen und auch das Private bekommen ihren Raum. Mit dieser Hausaufgabe kommen die Teilnehmer in den zweiten Termin.

Im zweiten Termin wird das Lebensprofil besprochen. Hierbei werden wichtige Lernerfahrungen, wichtige Entscheidungssituationen und Ressourcen, die bei der Arbeit am Lebensprofil sichtbar geworden sind, thematisiert. Die biografische Arbeit endet mit einem Resümee darüber, welche Leitthemen für den weiteren Prozess festgehalten werden sollen. Solche Leitthemen sind häufig Werte, die den Teilnehmer:innen in diesem Zusammenhang besonders deutlich wurden.

Im nächsten Schritt geht es darum, dass wir die Lupe auf ein paar wichtige berufliche und auch private Stationen setzen und diese auf ihre Lernhaltigkeit hin untersuchen. Im gemeinsamen Gespräch erarbeiten wir, welche Tätigkeiten die Coachees an bestimmten beruflichen und privaten Stationen ausgeführt haben und über welche Fertigkeiten sie deshalb verfügen.

Kurz zum Verständnis ein kleines Beispiel hierfür: Wenn man als Coach eine Person fragt, was sie im letzten Job gemacht hat, dann bekommt man häufig die Antwort: »Ja, Büro eben.« Oder: »Projektgeschäft.« Es lohnt sich aber, hier genau hinzusehen und zu hinterfragen, was denn da die ganze Zeit stattgefunden hat. Was hat man gemacht, wenn man Büro gemacht hat? Was ist im Projekt passiert? Wie hat man da gearbeitet? Was hat man da gelernt? Was hat man anders gemacht als die anderen? Es entsteht eine große Stoffsammlung und eine differenzierte Beschreibung dessen, was man eigentlich gemacht hat – und was anfangs einfach mit den Begriffen »Büro« oder »Projekt« abgetan wurde.

Im nächsten Schritt, in der nächsten Session schauen wir uns nun an, wo es Ähnlichkeiten in dieser großen Sammlung von Fertigkeiten gibt. Wo bilden sich Cluster? Wo macht jemand in unterschiedlichen Zusammenhängen immer wieder etwas Ähnliches? Beispielsweise, wenn sich jemand immer wieder in unterschiedlichen Rollen und Stationen selbständig neues komplexes Fachwissen angeeignet hat. Oder er oder sie hat immer wieder an unterschiedlichen Stationen eine organisierende Rolle eingenommen.

Aus diesen Clustern erarbeiten wir die Kompetenzen – zusammen mit den Coachees.

Wir erarbeiten acht bis maximal zwölf Kernkompetenzen, die wir dann im nächsten Schritt noch einmal intensiv hinterfragen und verargumentieren. Aus den Materialien, die wir besprochen haben, sammeln wir Argumente, damit der Coachee seine Kompetenzen vor sich und vor anderen schlüssig darstellen kann.

Die Teilnehmer bearbeiten außerdem einen Selbstbild-Fremdbild-Abgleich sowie einen Fragebogen zum Abgleich ihrer derzeitigen Situation mit dem, wie sie sich ihre Arbeitstätigkeit idealerweise vorstellen würden.

Diese unterschiedlichen Fäden führen wir dann in der *letzten Coaching-Session* zusammen.

Wir besprechen in dieser letzten Session noch einmal die Kompetenzargumente und befähigen die Coachees dazu, ihre Kompetenzen für sich und vor anderen schlüssig darstellen und argumentativ belegen können.

Auf dieser Basis und auf dem Abgleich zwischen aktueller Situation und der idealen Tätigkeit, die wir über den eben erwähnten Fragebogen erhoben haben, erarbeiten wir die Ziele und nächsten Schritte: Wo stehe ich jetzt im Hinblick auf den Anlass, der mich überhaupt ins Coaching geführt hat? Welche Entscheidungen kann ich jetzt treffen? Was nehme ich als Nächstes in Angriff? Welche Informationen brauche ich dafür noch? Mit wem muss ich sprechen, um meine nächsten Schritte zu gehen?

Wir erarbeiten also einen Aktionsplan, der sich typischerweise auf die kommenden sechs Monate erstreckt. Dabei geht es meistens um berufliche Ziele, es können aber auch private Ziele vorkommen. Denn auch diese sind für die Planung der eigenen Zukunft natürlich sehr wichtig.

Diese Ziele müssen nicht immer vertikal in Richtung Karriere gehen. Es kann auch sein, dass jemand eine berufliche Veränderung anstrebt, die sogar weniger Verantwortung bedeutet. Häufig gibt es auch ein privates Ziel, das man in Angriff nimmt und dessen Identifizieren und natürlich auch Erreichen zu einer deutlichen Erhöhung mit der beruflichen Zufriedenheit einhergeht.

Im Nachgang zur Kompetenzenbilanz erhalten die TeilnehmerInnen eine schriftliche Zusammenfassung der besprochenen Kompetenzen und des gesamten Prozesses.

Es wird deutlich: Die Kompetenzenbilanz ist sehr strukturiert und ufert als Prozess nicht aus. Es sind acht Stunden Coaching, die einer klaren Dramaturgie folgen. Coaches, die diese Dramaturgie verinnerlicht haben, sind schnell auch in der Lage, die zu Grunde liegenden Prinzipien auf andere Settings anzuwenden: in der Gruppe zu arbeiten, mit Management-Teams zu arbeiten, um eine neue Strategie zu entwickeln, unterschiedliche Zielgruppen zu adressieren oder auch den Prozess mit anderen Methoden anzureichern. Ich habe sehr positive Erfahrungen damit gemacht, vielen Menschen diese grundlegende Dramaturgie des Coachings beizubringen, um von hier ausgehend in die Variation zu gehen.

Um zu erklären, wie diese Struktur funktioniert, nutze ich häufig eine Musikmetapher: Wenn man improvisieren will, dann braucht man eine zu Grunde liegende harmonische und rhythmische Struktur. Wenn diese verinnerlicht ist, dann hat man viele Freiheiten, um darüber zu improvisieren. Deshalb erkläre ich immer zuerst diese zu Grunde liegende Struktur und rege an, diese einzuüben, um dann in die Variation zu gehen.

Im Zentrum stehen bei all diesen Prozessen immer die drei Fragen: Wer bin ich? Was kann ich? Was will ich? In dieser Reihenfolge. Die eigene Identität, das eigene Vermögen ist die Basis dessen, wohin man sich entwickeln möchte und kann.

Nach diesem Überblick wenden wir uns nun den einzelnen Schritten im Detail zu.

2.1.1 Vorab: Auftragsklärung

Natürlich gehört die Auftragsklärung vor jeden Coachingprozess und ist nicht spezifisch für die Kompetenzenbilanz. Um aber in den Prozess einzuführen und diesen vollständig zu erfassen, möchte ich auch diesen Schritt, bezogen auf die Kompetenzenbilanz, an dieser Stelle schildern.

In der Auftragsklärung geht es neben dem gegenseitigen Kennenlernen und dem Eruieren, ob man miteinander gut arbeiten kann, um das Klären des Ziels des Karrierecoachings.

In der Kompetenzenbilanz – und meiner Überzeugung nach in jedem Karrierecoaching – kann es nicht das Ziel sein, den Teilnehmer:innen zu versprechen, sie zu einem bestimmten Ziel zu begleiten. Zu einem Karrierecoaching kommen Menschen, weil sie unterschiedliche Fragen haben. Ein paar Beispiele für Anliegen – in fiktiver wörtlicher Rede:

- »Ich bin jetzt seit ein paar Jahren in meinem Job und der erste Zauber ist irgendwie weg. Jetzt möchte ich wissen, ob ich in meiner aktuellen Firma weitermachen kann oder wo ich mich am besten weiterentwickeln kann.«

- »Mein Job macht mir keinen Spaß mehr. Ich will nochmal was ganz anderes anfangen. Ich habe dazu auch schon eine Vorstellung, will mich aber jetzt absichern, ob das der richtige Weg ist.«
- »Ich war jetzt eine Zeit lang zu Hause für die Kinder da und will jetzt wieder mehr in den Beruf einsteigen. Aber zurück in meinen alten Job möchte ich nicht mehr. Ich weiß aber nicht, was ich sonst machen soll. Ich habe ja in den letzten Jahren nichts gemacht.«
- »Meine Stelle läuft in einem halben Jahr aus und ich will mir jetzt endlich mal Gedanken machen: Bleibe ich weiter in der Wissenschaft oder gehe ich in die Wirtschaft?«
- »Ich könnte jetzt immer so weitermachen – aber ich will, bevor ich 50 bin, nochmal wissen, ob ich mich noch einmal grundlegend verändern kann.«
- »Ich will mich selbständig machen und weiß nicht, ob das das Richtige für mich ist.«
- »In meiner Firma gibt es die Möglichkeit, dass ich ins Management aufsteige. Ich weiß aber nicht, ob das das Richtige für mich ist. Vielleicht kann ich das gar nicht.«
- »Ich bin jetzt mit meinem Studium fast fertig und bin mir nicht sicher, was ich danach machen soll.«
- »Ich bin jetzt seit einem halben Jahr aus dem Job und habe die Zeit genutzt, um mich mehr der Familie zu widmen und möchte jetzt wieder angreifen.«
- »Ich überlege, mich selbständig zu machen.«

In all diesen Fällen haben wir ergebnisoffene Fragestellungen, in denen es nicht um die Vermittlung in einen neuen Job geht, in denen zum Teil die Frage noch etwas unspezifisch ist und bei denen wir nicht guten Gewissens versprechen können, dass die jeweilige Frage vollständig geklärt werden wird – geschweige denn, dass wir den Coachees in Aussicht stellen können, sie in den nächsten Job zu begleiten. Dafür wäre das Setting 1 zu 1 und 3* 2 Stunden Coaching in vielen Fällen überfordert.

Ich als Coach kann zu diesen und ähnlichen Fragestellungen lediglich sagen, dass ich den Coachee begleite, sich mit diesen Fragen zu beschäftigen, und das Versprechen, das ich geben kann, ist: Am Ende des Prozesses werden die Fragen so klar formuliert sein, dass deren weitere Klärung operationalisiert und fortan selbständig betrieben werden kann.

Ich kann die Lösung der jeweiligen Frage nicht versprechen – ich käme mir sonst vor wie der Tatortkommissar, der den Angehörigen eines Mordopfers sagt: »Keine Sorge. Ich verspreche Ihnen: Wir finden den Mörder.«

Als Coach kann ich nur versprechen, dass ich nach bestem Wissen und Gewissen und nach einer bestimmten Methode bei der Lösung des Problems begleite bzw. einen Prozess zur Lösung oder Klärung gestalte. Ob dieser beschritten wird bzw. ob dieser zur Lösung der Fragestellung führt, das liegt nur bedingt in meinen Händen.

Für viele Coaches ist dieses Vorgehen ungewohnt. Ich höre immer wieder, dass die Karriereberatung nach dem Modell der Kompetenzenbilanz genau da abbricht, wo das »eigentliche« Coaching beginnen würde, wenn man also ein Ziel erarbeitet hat und dabei begleitet, dieses Ziel dann auch umzusetzen. Ich möchte nicht über Kolleg:innen und deren Arbeitsweisen urteilen. Aber meine Erfahrung ist eine andere. Wenn Coaching Hilfe zur Selbsthilfe sein soll, wie es in beinahe allen Coaching-Definitionen heißt, dann soll Coaching genau da hinführen: ein Problem oder eine Fragestellung so klar fassbar zu machen, zu operationalisieren, zu erkennen, über welche Ressourcen man verfügt und welche einem unter Umständen auch noch fehlen, um dann die Lösung des Problems selbständig in Angriff nehmen zu können. Coaching erfordert Prozesskompetenzen von Coaches und die Bereitschaft, die Klient:innen in einen vorstrukturierten, aber letztlich offenen Transferprozess zu begleiten.

Ich finde es wichtig, dies auch in der Auftragsklärung zu erklären. Es macht klar, dass die Verantwortung für den Prozess bei uns Coaches liegt, die Verantwortung für das Ergebnis aber von Beginn an bei den Coachees.

Ein weiterer Punkt ist wesentlich. Viele Coachees kommen in eine Karriereberatung oder Kompetenzenbilanz mit der Haltung: »Ich bin mal gespannt, was dabei rauskommt« – das ist auch verständlich.

Allerdings muss den Coachees die teils vorhandene Illusion genommen werden, dass Karriere- oder Kompetenzenbilanz-Coaches eine Art Orakel oder Recherche-Computer sind, die man mit allen möglichen Informationen füttert, auf dass am Ende der passende Karriereweg ausgespuckt wird.

Noch ein Punkt, der sich für jeden Coach versteht und der hier deshalb nicht näher beleuchtet werden muss: Man muss in der Auftragsklärung bereit sein, auch von einem Coaching abzuraten oder ein Coaching-Mandat abzulehnen. Wenn die Erwartungen an das Coaching unrealistisch sind, wenn das Gefühl besteht, dass keine tragfähige Coaching-Beziehung möglich ist, wenn eine gravierende Psychopathologie das Setting »Coaching« evident zu behindern scheint, wenn die Rollenaufteilung im oben beschriebenen Sinne der Verantwortlichkeiten für Coach und Coachee nicht angenommen wird.

Es ist mir wichtig, Auftragsklärung und den Start des Coachingprozesses voneinander getrennt zu wissen. Die Auftragsklärung ist bestenfalls natürlich ebenfalls ein sehr persönliches Kennenlernen. Aber es ist auch ein Stück weit ein formaler, ja juristischer Prozess. Wer bietet was? Was sind die Rahmenbedingungen? Wie hoch ist der Aufwand? Zeitlich? Finanziell? Welche Qualifikationen und Referenzen bringen uns zusammen? Natürlich geschieht all dies in einem zugewandten Gespräch und nicht als kalte Verhandlung. Aber es muss nach einem Auftragsklärungsgespräch aus meiner Sicht immer die Option bestehen, von einem möglichen Coachingprozess auch abzusehen und davon zurückzutreten. Auftragsklärung endet für mich mit der Möglichkeit, unmittelbar zu vereinbaren, wann man sich zum ersten Coaching-Gespräch trifft, oder aber mit dem Vorschlag: »Lassen Sie sich das noch einmal durch den Kopf gehen und melden Sie sich, und wenn Sie sich dafür entscheiden, dann machen wir den ersten Termin aus.« Es kann auch die Mischform geben, dass jemand noch vor dem ersten Coaching-Termin absagen kann. Das geschieht sehr selten. Aber es ist wichtig, diese Möglichkeit für die Coachees einzuräumen, um sicherzustellen, dass das Coaching unter der Bedingung der Freiwilligkeit stattfindet und nicht aufgrund eines Prozesses, in dem der Aspekt des Verkaufs im

Vordergrund steht. Wenn dieser Aspekt geklärt ist, beginnt der Coachingprozess und erst dann erfolgt das Einführungsgespräch zur Kompetenzenbilanz.

Auf Details wie mit Coachingverträgen, Rechnungsstellung oder Verschwiegenheitsvereinbarungen umzugehen ist, gehe ich an dieser Stelle nicht ein.

2.1.2 Das Einführungsgespräch

Struktur

Nachdem der Auftrag für ein Kompetenzenbilanz-Coaching geklärt ist, muss es einen gesonderten Startpunkt geben, der vom gegenseitigen Kennenlernen und der Klärung der Formalia getrennt ist.

Nach dem Vertragsschluss muss nun also die inhaltliche Arbeit beginnen. Hierzu empfehle ich für das Einführungsgespräch das Erreichen der folgenden Ziele bzw. die folgenden thematischen Eckpunkte:

1. Nochmaliges Erarbeiten des Coachinganliegens
2. Transparentes Erklären des Ablaufs der einzelnen Sessions
3. Terminvereinbarungen für die einzelnen Sessions
4. Erste Biografische Reflexionsübung
5. Hausaufgabe Lebensprofil

Ich möchte auf die einzelnen Punkte im Folgenden kurz eingehen.

Nochmaliges Erarbeiten des Coachinganliegens

Es mag merkwürdig klingen, unmittelbar nach der Vereinbarung zum Coaching im nächsten bzw. ersten echten Coaching-Gespräch noch einmal von vorne anzufangen und sich erklären zu lassen, warum man eigentlich zusammensitzt. Das nochmalige Aufgreifen des Coaching-Anlasses hat für mich folgende Gründe:

Ich gebe mein Verständnis des Anliegens wieder und möchte mich dadurch versichern, dass ich dieses Anliegen auch richtig verstanden habe. Für den Coachee ist es zudem ein wichtiges Signal, zu erleben, dass bereits in der Anbahnungsphase ein aufmerksamer Zuhörer gegenübersaß, der sich gedanklich mit dem Anliegen beschäftigt hat. Ein weiterer Grund besteht aber auch darin, zu überprüfen, ob der ursprünglich genannte Grund noch aktuell ist. Häufig hat sich daran nämlich bereits seit dem ersten Gespräch etwas geändert. Denn bereits das Auftragsklärungsgespräch und der Entschluss, sich nun strukturiert und intensiv mit der Gestaltung der eigenen beruflichen Zukunft zu beschäftigen, löst bei den meisten Menschen einen Klärungsprozess aus, der häufig das Ziel des Coachings modifiziert. Aus dem dringenden Bedürfnis, sich beruflich grundsätzlich umzuorientieren, wird auf diese Weise die Frage, ob es nicht noch andere, vielleicht geeignetere Tätigkeitsfelder im aktuellen Berufsfeld oder auch innerhalb der aktuellen Anstellung gibt.

Transparentes Erklären des Ablaufs der einzelnen Sessions

Im Coaching-Kontext wird häufig das Prinzip der Augenhöhe erwähnt und postuliert. Und diesem stimmt jeder Coach auch gerne und selbstverständlich zu. Ebenso wie die oben erwähnte Freiwilligkeit konfligiert dieses Prinzip manchmal mit bestimmten Interessen von Coaches. Freiwilligkeit muss implizieren, dass ein Coachee ein Coaching auch ablehnen kann. Was bedeutet nun Augenhöhe und wie kann man Augenhöhe herstellen?

Aus meiner Sicht gibt es hierfür kein besseres Mittel, als den Ablauf des Coachings sehr transparent zu erklären. Was passiert in welcher Session? Wie lange brauchen wir dafür? Welche Hausaufgaben gibt es dazwischen? Welche Materialien gibt es dafür?

All dies kann und sollte den Coachees gegenüber offengelegt werden. Es gibt auch keinen Grund, Arbeitsmaterialien vorzuenthalten. Wenn man im Laufe der kommenden Wochen im Coaching mit einer Fülle von Materialien arbeitet – in der Kompetenzenbilanz nutzen wir hierfür einen umfangreichen Arbeitsordner –, so sollten diese Materialien sofort übergeben oder per Mail zugeschickt werden.

Meine Empfehlung und mein Vorgehen: Alle meine Coachees können alle Materialien, die ich zu verwenden gedenke, von Beginn an sehen. Ich kann alle Materialien und deren Zusammenhang miteinander erklären.

Wenn ich anderen Coaches dieses Vorgehen empfehle, ist vielen bei diesem Vorgehen nicht wohl. Sie fühlen sich in die Karten geschaut. Sie denken, dass sie die Prozesshoheit aus der Hand geben. Und sie machen damit deutlich, dass sie noch nicht ganz bereit sind, den Coachee auf die eigene Augenhöhe zu lassen. Aus meiner Sicht gibt es kein besseres Mittel – neben der wertschätzenden Kommunikation und noch einigen weiteren Dingen, die man als Coach gelernt hat –, Coachees auf Augenhöhe zu bringen, als sich in die Karten schauen zu lassen. Wenn dann ein anderer Weg als der vorgeschlagene beschritten wird während des Coachings, ist auch das kein Problem. Man kann es ja begründen.

Terminvereinbarungen für die einzelnen Sessions

Zwischen den Terminen müssen Hausaufgaben gemacht werden. Das ist für den Prozess sehr wichtig. Deshalb sollte man gemeinsam planen, wann die Termine gesetzt werden. Man sollte fragen, ob zwischen den Terminen ausreichend Zeit ist, um sich stressfrei den Hausaufgaben widmen zu können. Ich empfehle außerdem eine Regelung für Absagen und für die Erreichbarkeit zwischen den Terminen, wenn es Fragen zu den Hausaufgaben gibt. »Hausaufgaben« müssen vom Coach zwischen den Terminen nicht korrigiert oder vor den Sessions vorbereitet werden.

Erste Biografische Übung – Biografische Sammlung

Jetzt geht es an den tatsächlich inhaltlichen Beginn der Arbeit – abgesehen von den vorangegangenen Ziel- und Anliegenklärungen, die ja ebenfalls bereits inhaltlich waren.

Für die Kompetenzenbilanz haben wir hierfür die Methode »Biografische Sammlung« entwickelt. Diese Methode soll einen niederschwelligen, assoziativen Zugang zur eigenen Biografie ermöglichen.

Die Biografische Sammlung ist eine Liste von Leitfragen, die die Coachees schriftlich bearbeiten. Im Zentrum dieser Sammlung steht die Frage: »Wie bin ich die Person geworden, die ich heute bin?«

Biografische Sammlung

- Wovon habe ich in meiner Kindheit und Jugend geträumt?
- Was hat mich (als Kind/als Jugendliche/als junge Erwachsene ... bis heute) sehr interessiert?
- Welche starken Erlebnisse gab es in meinem Leben?
- Was mache ich in meiner Freizeit ganz besonders gern? (Hobbys, Aktivitäten)
- Was habe ich bei diesen Aktivitäten gelernt?
- Was habe ich in der Schule und in der Ausbildung gelernt?
- Was habe ich in der Arbeit gelernt?
- Was konnte ich von meinen Freundinnen und Freunden lernen?
- Was ist in meinem Leben im Moment sehr wichtig?
- Worüber denke ich nach, wenn ich Entscheidungen treffe? Mit wem spreche ich darüber?
- Was ist mir so wichtig, dass ich mich dafür engagiere?
- Was war meinen Eltern ganz besonders wichtig?
- Was ist mir ganz besonders wichtig? (Werte, Ethik, Ideal, Lebensprinzip)

Setting

Man muss ein Setting finden, in dem die Coachees diese Biografische Sammlung in Ruhe und für sich allein bearbeiten können. Zu zweit im Coaching-Raum kann das kaum gelingen. Man kann dann die Biografische Sammlung vor dem Einführungsgespräch telefonisch erklären und per E-Mail zuschicken und bearbeiten lassen oder sie wird Teil der Hausaufgabe. Arbeitet man virtuell, stellt es kein Problem dar, für die Dauer der Bearbeitung Kamera und Ton abzuschalten und allein und konzentriert und somit in einem intimen Rahmen an den Fragen zu arbeiten.

Eine Besonderheit der Biografischen Sammlung, die unbedingt zu Beginn erwähnt werden muss: Sie ist ein privates Dokument. Im Gegensatz zu den anderen Aufgaben, die im Laufe der Kompetenzenbilanz bearbeitet werden, muss die Biografische Sammlung im Anschluss nicht gezeigt oder besprochen werden. Sie dient dem selbstgesteuerten Einstieg der Coachees in den Prozess. Die Coachees sollen frei von jeglicher inneren Zensur sein und sich nicht überlegen müssen, wie sie bestimmte Dinge darstellen oder erzählen wollen, die sie für sich persönlich aufgeschrieben haben. Die »Schere im Kopf« soll zur Seite gelegt werden für die Biografische Sammlung.

Die Aufgabe besteht darin, sich von den Fragen leiten und inspirieren zu lassen und Antworten hierzu aufzuschreiben. Es spielt keine Rolle, in welcher Reihenfolge diese Fragen beantwortet werden.

Meine Empfehlung an die Coachees lautet meistens ungefähr folgendermaßen: »Schauen Sie sich die Fragen an. Bei manchen Fragen geraten Sie vielleicht ins Grübeln und wissen nicht, was Sie darauf antworten soll. Halten Sie sich nicht zu lange damit auf und suchen Sie sich eine Frage, zu der Ihnen schnell eine Antwort einfällt. Das kann ein Stichwort, ein Halbsatz oder auch eine längere Antwort sein. Springen Sie dann zu der Frage, zu der Ihnen als Nächstes etwas einfällt. Vielleicht kommt Ihnen mittlerweile dann ein Gedanke zu einer der Fragen, die Ihnen anfangs schwergefallen sind, und so füllt sich das Blatt allmählich.«

Noch etwas: Die Biografische Sammlung muss nicht vollständig bearbeitet werden. Es ist in Ordnung, wenn sie nach 20–25 Minuten abgebrochen wird und dann noch ein paar Fragen offen bleiben. Möglicherweise gerade dann, wenn die Coachees richtig im Fluss sind, ist es auch in Ordnung, zu unterbrechen. Wir können den Schwung aus dieser ersten Reflexion in die nächste biografische Übung, das Lebensprofil, mitnehmen.

Manche Coachees arbeiten lieber mit der Mindmap-Methode als mit einer schriftlichen Fragensammlung. In die Mitte der Mindmaps kommt dann die Frage »Wie bin ich die Person geworden, die ich heute bin?«, inspiriert von den Leitfragen kann man dann Äste und »Unteräste« von diesem Zentrum ausgehen lassen, zwischen denen man wiederum Querverbindungen herstellen kann.

Ob Leitfragen beantworten oder Mindmapping: In der Gestaltung sind die Teilnehmer frei.

Auswertung und Nutzen der Biografischen Sammlung

Wir werten die Biografische Sammlung nicht inhaltlich aus. Wir fragen, wie die Coachees die Beschäftigung mit diesen Fragen fanden. Häufig berichten sie davon, zunächst wenig einfallsreich und blockiert gegenüber einem Blick in die eigene Vergangenheit gewesen zu sein. Zum Großteil erzählen sie jedoch, dass sich diese Blockade nach wenigen Minuten gelockert habe und die Fragen einen regelrechten Schub an Erinnerungen ausgelöst haben, der sie seit langem mal wieder in Kontakt zum eigenen Werdegang gebracht hat.

> »Zuerst habe ich gar nicht gewusst, was ich da hinschreiben soll. Aber dann ist mir schon einiges eingefallen. Wenn man da mal anfängt nachzudenken, dann kommt unglaublich viel wieder hoch. Auch vieles, worauf ich jetzt ein bisschen stolz bin. Es sind Fragen, über die man nicht jeden Tag nachdenkt. Ich könnte jetzt ewig weiterschreiben.«

Es ist nicht alltäglich, über die eigene Biografie nachzudenken. Viele Menschen geben auch an, sich noch nie auf diese Weise mit sich selbst beschäftigt zu haben.

Noch etwas: Einige Coachees möchten gerne die Biografische Sammlung besprechen oder über einzelne Aspekte daraus inhaltlich erzählen. Das ist natürlich möglich. Aber wichtig ist zu Beginn die Betonung, dass die Biografische Sammlung eben nicht besprochen werden *muss*. Das ist bei allen anderen weiteren Schritten der Kompetenzenbilanz anders.

Noch ein letzter Aspekt sei erwähnt: Während die meisten Coachees es als interessant und gewinnbringend empfinden, an der Biografischen Sammlung zu arbeiten, gibt es auch einige wenige, die die Kompetenzenbilanz an dieser Stelle abbrechen. Das kommt sehr selten vor, ist aber eine Möglichkeit. Ich erinnere z.B. eine Teilnehmerin, deren Mann ein Jahr zuvor gestorben war. Sie sagte, sie habe sich jetzt gerade aufgemacht, um sich mit ihrer Zukunft zu beschäftigen und es täte ihr nicht gut, derzeit zu viel an die Vergangenheit zu denken. Damit habe sie sich in den vergangenen 12 Monaten genügend auseinandergesetzt. Mich haben diese klare Abgrenzung und dieser Selbstschutz beeindruckt.

Der Biografischen Sammlung schließt sich das Lebensprofil an. Dieses Lebensprofil sollen die Coachees als Hausaufgabe ausarbeiten, um es im ersten Coaching gemeinsam zu besprechen.

2.2 Biografisches Arbeiten mit dem Lebensprofil – Erleben

2.2.1 Was ist das Lebensprofil?

Das Lebensprofil ist ein großes Bild, auf dem die Coachees ihre Biografie zeitlich und inhaltlich strukturieren und gestalten.

Ich habe das Lebensprofil 2003 für die Kompetenzenbilanz entwickelt. Seither hat es zahlreiche Nachahmer gefunden, die es in ihren Methodenkanon übernommen haben. Der Ursprung der Gestaltung und der Art und Weise, wie man es im Coaching verwendet, liegt hier in der Kompetenzenbilanz. Insbesondere dieser zweite Aspekt, wie man nämlich über das Lebensprofil spricht, wird von den Nachahmern immer wieder vernachlässigt.

Das Lebensprofil ist also ein großes Bild, auf dem die Coachees chronologische Erlebnisse und Ereignisse in den Lebensbereichen Familie und enge Beziehungen, Aus-, Fort- und Weiterbildung, Berufstätigkeit, sonstige Interessen aufschreiben oder aufmalen. Außerdem gibt es eine Zeile mit einer Befindenskurve: »Wie ist es mir gegangen?«

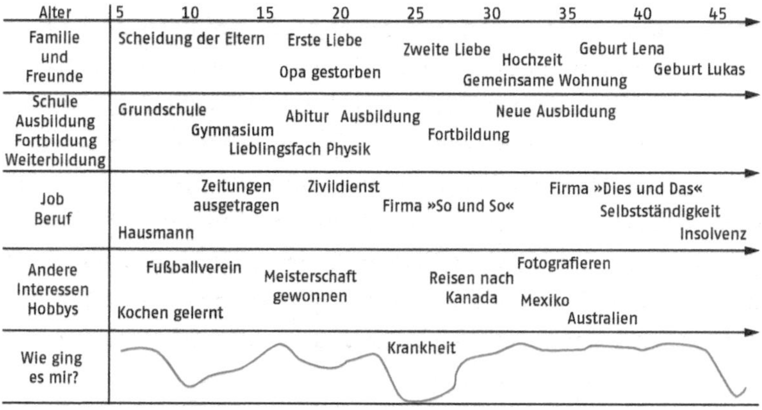

Schema des Lebensprofils

Diese Aufteilung in vier Lebensbereiche hat sich in der Praxis sehr gut als Ausgangsbasis bewährt. Die genaue Gestaltung bleibt allerdings den Coachees überlassen. Manche schreiben nur Stichworte ins Lebensprofil, andere kurze Sätze, wieder andere machen für besondere Ereignisse eine kleine Zeichnung, andere illustrieren ihre Notizen mit kleinen Symbolen, manche kleben Bilder auf das Lebensprofil. Es kommt auch vor, dass die Befindenskurve für jeden Lebensbereich einzeln gezeichnet wird. Oder aber es werden noch weitere für die Coachees bedeutsame Kategorien hinzugefügt wie »Reisen« oder »Wettkämpfe«. Letztlich bleibt die Gestaltung also den Coachees überlassen. Wichtig sind hierbei aber vor allem:

- Chronologie
- Einbeziehung der privaten Erlebnisse und Ereignisse
- Sichtbarmachen paralleler Entwicklungen
- Befindenskurve bzw. die Frage: Wie ging es mir zu dieser Zeit?

Auch das Format bleibt den Coachees überlassen. Die meisten gestalten ein großes Plakat, häufig in der Größe eines Flipcharts oder einer Pinnwand. Manche nutzen sogar zwei große Bögen Papier. Man kann ein Lebensprofil natürlich auch digital mit Hilfe eines kollaborativen Whiteboards gestalten. Ich habe auch schon Coachees erlebt, die eine ganze Bahn von Millimeterpapier-Bögen aneinandergeklebt haben, um Monat für Monat die Befindungskurve der letzten 30 Jahre einzutragen.

Wie auch immer: Wichtig ist mir vor allem, dass sich die Coachees Platz nehmen und sich dabei nicht auf das kleine Format eines DINA4-Blatts beschränken. Auch wenn nicht alle Informationen eines solchen Lebensprofils ausgewertet und thematisiert werden können, so ist doch der intensive Reflexionsprozess, der zu dem jeweiligen Ergebnis geführt hat, wesentlich. Und hierin liegt auch der zentrale Wert des Lebensprofils.

Klar ist: Es erfordert einiges an Zeit, ein solches Lebensprofil zu gestalten. Deshalb sollte es im Einzelsetting immer als Hausaufgabe gegeben werden.

Dabei ist es nicht unerheblich, auch ein paar scheinbar triviale Dinge zu beachten oder mit auf den Weg zu geben: Als Coach sollte man dafür Sorge tragen, dass sich die Coachees dafür ein paar Stunden Zeit nehmen. Man sollte den Coachees außerdem Flip-Chart-Bögen und -Marker mitgeben, damit sie sich auch wirklich den angemessenen Raum für das Lebensprofil nehmen. Wenn man digital arbeitet, sollte man ihnen einen Zugang zu einem digitalen Whiteboard geben, auf dem idealerweise bereits ein Template für ein Lebensprofil hinterlegt ist.

Das Lebensprofil wird von den Coachees in den weit überwiegenden Fällen als sehr intensive und positive Erfahrung empfunden.

Ein Coachee berichtet hierzu:

> »Ich habe erstmal auf einem kleinen Papier angefangen und überlegt und strukturiert: Wann bin ich in die Schule gegangen? Wann bin ich ausgezogen? Wann war ich mit dem Studium fertig? Was war mein erster Job? Mein zweiter? Was war währenddessen privat los? Mit wem hatte ich zu tun? Was waren zu der Zeit meine Hobbys? Das DIN-A4-Papier war dann schnell voll, aber ich hatte schon mal eine Struktur. Dann ist mir so viel eingefallen und ich habe auf das große Format gewechselt. Und da erstmal die Eckpunkte untereinander eingetragen. Das hat dann weitergearbeitet. Beim Einschlafen, beim Aufwachen, beim Joggen. Und mir ist dann so viel eingefallen! Ich hatte einige Fortbildungen und Jobs total vergessen. Die sind jetzt aktuell für mich auch nicht von zentraler Bedeutung – aber es ist so wertvoll, dass ich einfach mal sehe, was ich alles schon gemacht habe.«

Solche und ähnliche Äußerungen hören wir immer wieder, wenn wir mit dem Lebensprofil arbeiten. Sehr häufig finden wir auch Äußerungen wie folgende:

> »Ich hatte eigentlich gedacht, ich fange das Karrierecoaching an, weil ich derzeit eher unzufrieden bin. Das generalisiert man auch häufig: Ich bin jetzt unzufrieden, weil ich vor 15 Jahren schon eine falsche Entscheidung getroffen habe. Vielleicht sollte ich überhaupt etwas ganz anderes machen oder hätte die Weichen viel früher anders stellen müssen. Aber jetzt sehe ich allein durch das Lebensprofil: Es hat alles seinen Sinn und seinen Platz in meinem Leben. Es hängt vieles zusammen und hat alles seinen Grund. Das heißt nicht, dass mein Wunsch nach Veränderung

> jetzt nicht mehr da wäre, aber ich bin jetzt irgendwie ganz einverstanden mit mir und meiner Biografie.«

Wir sehen sehr häufig: Bereits ohne direkte Intervention oder auch nur besondere Fragen seitens des Coaches wird durch das Lebensprofil vieles in Bewegung gesetzt.

Ich möchte im Folgenden zunächst nicht in eigenen Worten für das Lebensprofil werben, sondern die Coachees sprechen lassen, die wir in einer umfangreichen quantitativen und qualitativen Studie untersucht haben. Aus diesen systematisch und an dieser Stelle stellvertretend zitierten Äußerungen ergibt sich ein stimmiges Bild über den Nutzen des Lebensprofils und damit auch darüber, worauf man als Coach beim Besprechen des Lebensprofils achten sollte. Deshalb möchte ich zunächst auf Wirkungen des Lebensprofils eingehen und mich erst danach den Fragen widmen, wie man im Coaching mit der Besprechung des Lebensprofils umgeht.

2.2.2 Wirkungen des Lebensprofils

In einer quantitativen Evaluation sehen wir: 95,7 % der Teilnehmer bewerten den Nutzen des Lebensprofils als eher positiv (13,1 %) oder positiv (82,6 %). Die Zusammenarbeit mit dem Coach wird von 85,8 % der evaluierten Teilnehmer als positiv bewertet und von 8,7 % als eher positiv (Triebel 2009).

In einer Interviewstudie konnten wir dies bestätigt sehen. Das Lebensprofil wird von fast allen Teilnehmer:innen als sehr positiv bewertet.

> »Das Lebensprofil ist für mich absolut das Wesentliche der ganzen Bilanz gewesen. Wenn man sich intensiv auseinandersetzt, dann bringen auch die ganzen Termine sehr viel, weil dann hat man einfach alles auf dem Plakat. Das war für mich die Erkenntnis schlechthin.«

> »Das war hochinteressant. Das hat mir irrsinnig gefallen. [...] Man hat Paarallelen gesehen, man hat gesehen, wie sich oft ein

> roter Faden durchzieht. Und das als Beginn war einfach irrsinnig wichtig. Weil sich da bestimmte Dinge herauskristallisiert haben, die sich später wieder bestätigt haben.«

Auch zu späteren Interviewzeitpunkten wurde wiederholt auf das Lebensprofil eingegangen. Ich möchte ein paar dieser Äußerungen, die mit sechs Monaten Abstand gemacht wurden, an dieser Stelle unkommentiert wiedergeben. Sie sprechen für sich und kommentieren aus Sicht der Coachees den Prozess und die Wirkung des Biografischen Arbeitens im oben beschriebenen Sinne:

> »Wenn mich jemand fragt, du, und wie ist es da mit der Kompetenzenbilanz? Dann ist das für mich das Lebensprofil. Ich glaube, je intensiver man sich damit auseinandersetzt, umso mehr kommt raus. Weil ich selber gesehen habe: Man hat so ein paar markante Punkte. Die fallen sofort ein. Aber tiefer geht es nicht. Und erst je öfter man sich hinsetzt, fallen genauso diese Kleinigkeiten auf, die man irgendwie so unbewusst hat. Das hat mich beeindruckt. Und dann auch die Linie zu finden, wie ich mich dabei gefühlt habe, beruflich und privat. Und für sich eine Lösung zu finden, zu sagen: Trenne ich das oder ist das jetzt eigentlich eines? Ging es mir da gut? Ging es mir da schlecht? Aber wenn es mir schlecht geht, kann es mir in einem Bereich trotzdem gut gehen, weil man sich da Energie rausholt. Es hat mich fasziniert, das irgendwie so klar zu erkennen.«

> »In Gang gesetzt wurde, über das Leben, das man so gelebt hat, nachzudenken. Das macht man sonst nicht wirklich. Wenn man Lebensläufe schreibt für Bewerbungen, da schreibt man einfach, was man so beruflich gemacht hat. Und hier ist doch der private Bereich, der persönliche Bereich, der Freizeitbereich, hier ist alles abgedeckt. Das war insofern interessant, als man wieder auf gewisse Dinge draufkommt, was ich eben zuerst schon gesagt habe. Über die man sich keine Gedanken mehr gemacht hat. Also, es war ziemlich interessant, dieses Lebensprofil. Das habe ich auch mit Freunden besprochen, die finden auch: Man denkt dar-

über sonst nicht nach. Oft hakt man ab und das war es dann. Aber es ist schon oft so, dass frühere Ereignisse auf das heutige Sein noch irgendwie nachwirken. Ohne dass man das eben weiß. Und das hat es bei mir bewirkt.«

»Habe ich ideal gefunden. Ursprünglich habe ich gedacht [...] ich mache es lieber auf dem PC. Dann habe ich gedacht, wenn man schon den Bogen Papier mitbekommt, mache ich es auf dem Bogen, und ich glaube, das ist doch die bessere Variante. Wenn man davorsteht, ist es ein beeindruckendes Bild, das sich danach ergibt. Fast ein bisschen beruhigend.«

»Für mich war es sehr hilfreich, einfach weil du erstmal diese Hausaufgabe Lebensprofil zeichnen musst. Du wirst erstmal gezwungen, jetzt im positiven Sinne, dich mit dir selbst zu beschäftigen. Und das ist eine Sache, wo ich sage: Gut, ich beschäftige mich schon mit mir selber, aber nie so intensiv wie durch das Lebensprofil. [...] Es ist wirklich für mich Erstaunliches rausgekommen.«

2.2.3 Das Lebensprofil besprechen

Wenn wir uns die Äußerungen der Coachees ansehen, dann fällt auf: Es ist wichtig, dass ein Coach die Reflexion anregt und es ist wichtig, dass eine vertrauensvolle Beziehung zwischen Coach und Coachee besteht. Denn es ist ein intimer Prozess, auf den man sich hier einlässt.

Aber es wird einigermaßen wenig darüber gesprochen, dass der Coach in diesem Prozess besonders originelle Fragen gestellt habe. Der Coach gibt hier die Aufgabe und strukturiert das Gespräch. Er moderiert den Dialog der Coachees mit sich selbst.

Was sind Aufgaben von Coaches in der dieser Situation?

- Das Thema setzen
- Eine Struktur vorschlagen und diese einhalten
- Den Blick auf bestimmte Themen lenken

- Auf die Zeit achten
- »Zur Ordnung« rufen, wenn Vereinbarungen inhaltlich oder strukturell gebrochen werden, wenn man also inhaltlich abschweift oder mit der Zeit einfach nicht hinkommt.

Das klingt etwas unterkühlt – so ist es aber nicht gemeint. Es ist ein ausgesprochen herzlicher und warmer Prozess, gemeinsam das Lebensprofil zu besprechen. Aber als Coach sollte man seine Rolle hierbei nicht überschätzen. Es hilft sehr, sich wirklich auf die Nutzenaspekte zu konzentrieren, die die Coachees bezogen auf das Lebensprofil nennen.

2.2.4 Wie lange spricht man über das Lebensprofil?

Insbesondere zeitlich kann man sich beim Besprechen des Lebensprofils manchmal überfordert sehen. Wie soll man eine ganze Biografie in einem angemessenen Zeitraum besprechen? Braucht man dafür nicht vielleicht sogar mehrere Treffen, die jeweils einige Stunden dauern? Muss man nicht einer Biografie, die 50 Jahre umfasst, doppelt so viel Zeit für die Besprechung einräumen wie einer 25-jährigen Biografie?

Um es kurz zu machen: Als Coach sollte man der Besprechung des Lebensprofils etwa eine Stunde einräumen. Manchmal dauert es bei jungen Menschen etwas kürzer. Bei einer längeren Biografie vielleicht etwas länger und in Ausnahmefällen kann auch mal deutlicher überzogen werden. Aber in der Regel sollte man mit 60 Minuten auskommen.

Auch das klingt trocken und distanziert. Aber das ist es nicht. Das Lebensprofil ist für die Coachees ein ganz wichtiger und intensiver Reflexionsprozess. Aber dieser Reflexionsprozess findet auch ohne Coach bereits statt. In den ein bis zwei Wochen, in denen Coachees mit dem Lebensprofil als Hausaufgabe beschäftigt sind, arbeiten sie einige Stunden direkt am Lebensprofil. Außerdem denken sie immer wieder zwischendurch an ihre Biografie, unterhalten sich mit ihrem Lebenspartner, Geschwistern oder Freunden darüber. Meiner Erfahrung nach ist das Lebensprofil häufig in dieser Zeit wie ein Hintergrundsummen, das die Zeit zwischen den Treffen kontinuierlich auf angenehme Weise begleitet. Idealerweise setzt sich dieses »Summen« durch den gesamten Prozess fort, nimmt aber in jedem Fall durch das Lebensprofil einen Anfang.

2.2.5 Eine Struktur finden

Wie strukturieren wir das Besprechen des Lebensprofils und wie finden wir hierbei ein Ende?

Wir sollten uns dafür auf das Ziel und den Nutzen des Lebensprofils konzentrieren. Und hierbei sollten wir die von den Teilnehmer:innen geäußerten Aspekte berücksichtigen, die ich oben zitiert habe:

- Die Teilnehmer:innen erkennen rote Fäden,
- sie sehen Parallelen und Zusammenhänge,
- sie sind stolz auf das Erreichte,
- sie erinnern sich an vieles,
- sie sehen, welche Rolle auch private Ereignisse spielen,
- sie haben eine intensive Zeit mit sich selbst verbracht.

In keinem der Feedbacks äußern die Coachees, der Coach habe geniale Fragen gestellt oder alle Informationen lückenlos aufgenommen. Das ist nicht Ziel der Arbeit mit dem Lebensprofil. Die Arbeit mit der Biografie ist ein Prozess des Selbstverstehens, ein Dialog mit sich selbst unter Anwesenheit eines Coaches – und bei diesem Selbstverstehen kann man als Coach helfen. Wir helfen den Coachees dabei, sich und ihre Biografie besser zu verstehen. Wir verhelfen dazu, indem auch wir uns in die Biografie hineinbegeben, ein Stück weit mitleiden und diese verstehen. Aber: Unser Verständnis der Biografie des Coachees dient nur dazu, dass dieser seinen Lebenslauf selbst versteht. Im Zentrum steht nicht unser Verständnis – dieses ist nur das Mittel für das Selbstverständnis durch den Coachee.

Die Struktur des Gesprächs ergibt sich nicht zwangsläufig aus der Chronologie und wird nicht ausgehend vom Lebensprofil von links oben nach rechts unten abgearbeitet. Wie manche Leute die Zeitung von hinten nach vorne lesen, beginnen auch manche Coachees im Lebensprofil bei der Gegenwart und arbeiten sich in die Vergangenheit vor. Die Erzählung des Coachees sucht sich ihren Weg durch das Lebensprofil.

2.2.6 Wie bringt man die Erzählung in Gang?

Sehr gut eignet sich für den Einstieg die schlichte Frage danach, wie es den Teilnehmern beim Erstellen des Lebensprofils gegangen ist, ob ihnen etwas aufgefallen ist, wie lange sie gebraucht haben. In den meisten Fällen ergibt sich hieraus eine Antwort, die für einen Einstieg in den narrativen Prozess geeignet ist.

Wie dieser Prozess genau verläuft, ist schwer zu verallgemeinern. Aber es gibt ein paar Regeln, an denen man sich orientieren kann, um die biografische Erzählung über das Lebensprofil zu strukturieren.

Als Leitfragenkorridor nutze ich folgende Fragen, die ich zumindest mental präsent habe:

- Was ist Ihnen beim Lebensprofil aufgefallen?
- Wo haben Sie wichtige Entscheidungen getroffen?
- In welcher Phase haben Sie besonders viel gelernt?

Natürlich reicht das nicht – deshalb im Folgenden ein paar weitere Hinweise, wie man die biografische Erzählung sowohl strukturieren als auch in Gang bringen kann:

- **Ausblick:** Als Coach ist man verantwortlich für die Struktur und die Gestaltung des Prozesses. Deshalb sollte man zu Beginn in Aussicht stellen, dass man etwa 60 Minuten Zeit für die Besprechung des Lebensprofils haben wird.
- **Bündeln von Informationen:** Jedes einzelne Ereignis ließe sich feingranular in Einzelepisoden aufschlüsseln. Das kann lange dauern und sich auch mehrfach wiederholen. Natürlich kann man in einzelne Ereignisse etwas tiefer einsteigen. Aber es ist völlig legitim, es auszusprechen, wenn sich ein Ereignis in ähnlicher Form mehrfach wiederholt und man nicht in jedes einzelne Ereignis mit

derselben Intensität einsteigen kann. Diese Wiederholung von ähnlichen Ereignissen oder Empfindungen ist sogar ein besonderes Ergebnis der Arbeit mit dem Lebensprofil.

- **Proaktiv fragen:** Manchmal fallen einem auch als Coach Muster im Lebensprofil auf. Zwar sind wir in einer Rolle, in der wir keine psychologischen Deutungen oder diagnostischen Urteile abgeben sollten. Aber alles im Lebensprofil kann und darf thematisiert und auch befragt werden. Wenn mir als Coach etwa aufgrund der Befindenskurve eine »Achterbahnfahrt« der Gefühle auffällt, dann kann ich das natürlich ansprechen. Wenn es ein objektiv gesehen negatives Ereignis gibt, aber die Befindenskurve dabei gar nicht nach unten geht, kann ich fragen, was dazu geführt hat, dass die Befindenskurve so stabil geblieben ist. Wenn es sich wiederholende Muster gibt (z.B. regelmäßige Jobwechsel, häufige Auslandsaufenthalte, viele Hobbys …), dann kann ich als Coach diese Wahrnehmung ins Gespräch einbringen.
- **Ressourcenorientierung:** Dies ist der wohl wichtigste Aspekt im Lebensprofil. Wir besprechen das Lebensprofil unter dem unbedingten Aspekt der Lösungs- und Ressourcenorientierung. In jeder Biografie gibt es Höhen und Tiefen. Und beim Erzählen lachen manche Coachees an einigen Stellen oder erinnern sich freudig an ein Ereignis, und an anderen Stellen bekommen sie feuchte Augen. Es ist aber im Rahmen eines Karrierecoachings nicht die Aufgabe des Coaches, sich in Konflikten und deren Zustandekommen aufzuhalten. Wir können an dieser Stelle keine strukturellen Lebensprobleme behandeln. Die Fragerichtung sollte beim Lebensprofil deshalb immer in die lösungs- und ressourcenorientierte Richtung gehen: »Wie haben Sie aus dieser Situation rausgefunden?«, »Warum ging es nach diesem Ereignis dann wieder nach oben?«, »Was haben Sie in dieser Zeit gelernt?«, »Irgendeinen Grund wird es geben, warum Sie sich nach einiger Zeit wieder besser gefühlt haben als zu dem Zeitpunkt, als Sie mitten in dieser Krise waren«. Zugleich ist es völlig unnötig, einzelne Passagen oder Ereignisse im Lebensprofil als Coach allzu positiv oder gar lobend hervorzuheben. Wenn man beeindruckt ist von einem Werdegang oder von bestimmten Leistungen, darf man dies na-

türlich zeigen. Aber es ist unangebracht zu erwarten, durch bloße positive Bestärkungen eine nachhaltige positive Selbstwahrnehmung unterstützen zu können. Diese muss sich beim Coachee selbst einstellen. Wir bieten nur die Struktur dafür.

Es ist günstig, sich immer wieder auf die Befindenskurve zu berufen. Für viele Coachees ist es eine wirklich fundamentale Erkenntnis, dass es nach jeder Krise »wieder nach oben gegangen ist«. Beim Besprechen des Lebensprofils liegt unser Fokus deshalb nicht auf dem Tal, sondern auf der Episode, die darauf folgt. Freilich sollten wir negative Ereignisse und Emotionen nicht ignorieren oder im Gespräch wegdrücken. Aber auf ihnen liegt nicht der Schwerpunkt des Gesprächs. Und dies kann auch offen so ausgesprochen werden.

2.2.7 Einen Abschluss finden

Wie bereits gesagt: Natürlich kann man sich sehr lange über Biografien unterhalten und der zeitliche Aspekt und wie man die Gesprächszeit im Zaum hält soll hier nicht dominanter Aspekt sein. Aber wir sollten ein Ziel und einen Abschluss finden und uns damit beschäftigen, wie wir der biografischen Erzählung gegen Ende auch wieder Einhalt gebieten können und einen Abschluss finden, das als befriedigend empfunden wird. Der Coachee sollte nicht fragen müssen: »So, jetzt habe ich das alles fertigerzählt. Und jetzt?«

Ich mache mir während des Gesprächs immer ein paar wenige stichwortartige Notizen. Diese erkläre ich auch gegenüber dem Coachee (»Sie haben jetzt häufiger das Stichwort ›Neugier‹ erwähnt und dass Sie deshalb immer wieder gerne etwas Neues anfangen. Das schreibe ich hier mal auf eine Karte.«) Über die 60 Minuten des Gesprächs ergeben sich ein paar solcher sich wiederholender Stichworte oder rote Fäden, ich nenne sie auch Refrains. Diese greife ich am Ende der Besprechung des Lebensprofils noch einmal auf und nenne sie im Resümee des Gesprächs. Dazu kommen häufig auch Überlegungen aus der Biografie, die sich auf die Ausgangsfragestellung für das Coaching beziehen: »Sie haben das Coaching angefangen, weil Sie aktuell unzufrieden sind und haben mir beschrieben, wie der Job ausgesehen hat, bei dem Sie sich eigentlich ganz besonders wohlgefühlt haben und woran das damals gelegen hat.«

Ich frage den Coachee ob ich ihn/sie mit meiner kurzen Zusammenfassung richtig verstanden habe und ob wir diese als eine Art »Ergebnis« festhalten können oder noch etwas hinzuzufügen ist.

Und dann ist die Besprechung des Lebensprofils, diese zum Teil sehr intensive Erfahrung, vorüber und wir haben in einer Art Schnelldurchlauf tiefen Einblick in das Leben des Coachees gewonnen. Noch einmal: Nur für Coaches ist das ein Schnelldurchlauf. Die Teilnehmer:innen haben lange daran gearbeitet. Für sie ist das Erzählen des Lebensprofils nur der Abschluss der Beschäftigung damit.

2.2.8 Noch ein paar Anmerkungen zum Biografischen Arbeiten

Immer wieder taucht die Frage bei Coaches auf: »Was mache ich denn, wenn sich da wahre Abgründe offenbaren? Wenn etwas aufgerissen wird und ich das als Coach gar nicht auffangen kann. Ich bin ja kein Therapeut.«

Richtig: Wir sind keine Therapeuten und die biografische Arbeit mit dem Lebensprofil findet nicht im Rahmen eines Therapieprozesses statt. Das wissen aber nicht nur die Coaches, sondern auch die Coachees. Diese können sich i. d. R. sehr gut davor schützen, in eine Art Retraumatisierung zu geraten. Bei aller Wirkmacht, die man dem Lebensprofil zusprechen kann: Es ist übertrieben zu erwarten, dass durch die Anleitung zur Beschäftigung mit der eigenen Biografie häufig Situationen entstünden, die psychisch überfordernd für Coachees oder Coaches wären. Anders gesagt, wenn jemand so labil ist, dass er oder sie durch das Lebensprofil dekompensiert, dann hätte diese Person ohnehin kein Coaching beginnen sollen und tut dies in aller Regel auch nicht.

Coachees beginnen mit ihrer Neuorientierung meist nicht in einer Talsohle ihres Befindens, sondern dann, wenn sie wieder eine Aufwärtsdynamik spüren. Gerade dies ermöglicht es ihnen ja, ein Coaching zu beginnen. Das Coaching selbst nimmt diesen positiven Impuls auf und verstärkt ihn im besten Falle. Aber der Impuls selbst geht von den Coachees aus.

Man sollte also nicht mit nicht zu viel Sorge vor etwaigen Abgründen in die Biografiearbeit einsteigen. Es kann aber – wie bereits oben gesagt – zu emotionalen Momenten kommen. Und diese können auch – in seltenen Fällen – beim Coach ein Gefühl der Überforderung hervorrufen.

Es ist wichtig, die eigene Grenze der Zuständigkeit erkennen zu können. Wenn man aber auf ein Thema stößt, das für den Prozess des Karrierecoachings überfordernd ist, dann sollte man natürlich nicht mit plumpen Zurückweisungen reagieren: »Darum können wir uns hier nicht kümmern.« Oder: »Ich glaube, Sie brauchen eine Therapie.«

Wenn eine Person z. B. eine Trennung oder einen Todesfall noch nicht richtig verwunden hat, dann ist es wichtig, dies als sensibles Thema zu erkennen und anzusprechen. Häufig ist es den Coachees peinlich und sie entschuldigen sich dafür, dass sie emotional geworden sind. Es ist außerdem wichtig, sich zu erkundigen, ob es sich um ein Thema handelt, über das die Person sprechen möchte, oder auch, ob sie jemanden kennt, mit dem sie dieses Thema besprechen kann. Falls nicht, dann kann und sollte man als Coach anbieten, bei einer Suche nach einer solchen Person in begrenztem Maße auch zu unterstützen. Es bietet sich an, hierfür ein Netzwerk von Beratungsstellen aufzubauen, an die man persönlich guten Gewissens verweisen kann.

Es zeigt sich, dass sich aus den geschilderten Problemfeldern spezifische Anforderungen an Qualifikationen und Kompetenzen der Coaches ergeben. Man muss dafür nicht Psychologie studiert haben, aber man sollte sich mit der Zeit ein psychologisches Grundwissen aneignen, man sollte wissen, was eine Depression ist, was Burnout bedeutet und ähnliches.

2.2.9 Über die Wirkung biografischen Erzählens

In beinahe jeder psychologischen Intervention – und Coaching, auch Karrierecoaching, sollte psychologisch fundiert oder zumindest anhand eines psychologisch begründeten Konzepts geschehen – findet irgendeine Form von biografischer Erzählung statt. Es herrscht weithin Einigkeit darin, dass biografisch-narrative Gesprächsführung psychologische Wirkungen zeitigt. Diese werden aber bislang immer noch zu selten systematisch untersucht.

Der Begriff »Narrative Therapie« wurde von den australischen Psychologen Epston und White (1990) begründet. Liest man die entsprechende Fachliteratur, findet man vor allem Überzeugungen für und Beobachtungen zu Effekten biografischen Erzählens. Es gibt noch immer wenig empirische Fundierung zu diesem doch zentralen Praxiszweig der Beratung. Allerdings lässt sich ausmachen, dass narrative biografische Ansätze – abgesehen von Therapien – insbesondere im Coaching, in der psychologischen Beratung, in der Laufbahnberatungspraxis und in systemischen Interventionsansätzen Einzug gehalten haben.

Es gibt außerdem das Forschungsfeld Biografieforschung in der Soziologie und in den Erziehungswissenschaften. Dieses Forschungsfeld behandelt allerdings tendenziell eher die Methode, aus Einzelbiografien Rückschlüsse auf ganze Gruppen ziehen zu können. Dass dabei für die Person, die ihre Biografie erzählt, ein roter Faden entsteht und zurückliegenden Ereignissen im Nachhinein Sinn und Kohärenz verliehen wird, ist eher eine Seitenbeobachtung aus diesem Forschungsfeld, steht aber nicht als Interventionsaspekt im Zentrum.

Viele Veröffentlichungen postulieren positive Wirkungen biografischen Erzählens und geben praktische Hinweise dafür, wie ein Narrativ in Gang gebracht werden kann.

Hinsichtlich der psychologischen Wirkung bzw. zumindest einer präzisen Beschreibung des psychologischen Geschehens wird in der Regel wenig ausgesagt.

Die Forscherin Gabriele Rosenthal (Rosenthal 2002) weist immer wieder auf die mangelnde psychologische Verankerung narrativer Ansätze hin und hat aus eigenen empirischen Studien Schlussfolgerungen über psychologische Wirkfaktoren biografisch-narrativen Erzählens gezogen, die noch immer als gültig angehen werden können.

Durch biografische Erzählungen …

- … findet ein Prozess des Selbstverstehens statt,
- … erfahren die Erzählenden selbst etwas über ihre Kognitionen, Emotionen und Motive,
- … werden die Erzählenden in einen Dialog mit sich selbst gebracht,
- … verstehen die Erzählenden ihre Biografie aus der Gegenwartsperspektive bzw. interpretieren zurückliegende Ereignisse immer auch aus dem Heute heraus,
- … geraten Menschen in einen Fluss der Erzählung,
- … wird die Sicht auf das eigene Leben modifiziert und die Biografie wird reorganisiert,
- … nimmt sich die erzählende Person verstärkt als aktiv und autonom wahr,
- … gewinnen die Erzählenden auch negative Erfahrungen und Episoden für eine »konsistente Identitätskonzeption« zurück (Fischer-Rosenthal),
- … entsteht ein »Gefühl von Kontinuität«. Was zuvor als zufällig oder willkürlich wahrgenommen wurde, erhält durch die Erzählung einen Platz in der Entwicklung und wird als unverzichtbarer Teil der individuellen Biografie wahrgenommen.

Wir haben, wie bereits gesagt, intensiv untersucht, welche Wirkungen die Kompetenzenbilanz hervorruft, insbesondere auch, welche Vorgänge durch das Anfertigen und Besprechen des Lebensprofils in Gang kommen. Die Ergebnisse von Gabriele Rosenthal können wir durch unsere Studien vollständig bestätigen. Die genannten Punkte sollten das Ziel der biografischen Arbeit sein und in ihren Dienst sollten sich Coaches stellen.

2.3 Fertigkeitenanalyse – Erkennen

2.3.1 Von der Emotion zur Kognition

Nach der Biografischen Arbeit mit dem Lebensprofil beschäftigen wir uns im nächsten Schritt mit einer Tätigkeitsanalyse. Während wir im Lebensprofil die Biografie der Coachees in großen Zusammenhängen und »Lebensepochen« betrachtet haben, richten wir nun die Lupe auf einzelne Abschnitte und spezifische Tätigkeiten, die wir genau ergründen und analysieren. Wir bewegen uns also vom Allgemeinen zum Speziellen.

Das Lebensprofil und die Biografische Arbeit bedeuten für die Coachees einen eher emotionalen, reflexiven Einstieg. Sie erleben sich als ernst genommen mit ihrer individuellen Geschichte und in ihren Bedürfnissen, Werten und Motiven. Hinzu kommen die berichteten positiven Effekte biografischer Arbeit, die ich schon dargestellt habe.

Aber natürlich reicht dieser Beginn bei weitem nicht, um eine nachhaltige Veränderung herbeizuführen. Es ist eine intensive Erfahrung, aber dies ist ein temporärer Effekt. Zu dem emotionalen Erleben an diesem Beginn muss an nächster Stelle ein analytischer, kognitiver Prozess folgen, den oben dargestellten Wirkprinzipien gemäß: ein Erkennen.

Es reicht nicht, sich mit der eigenen Biografie reflexiv auseinandergesetzt zu haben. Um Kompetenzen zu erarbeiten, muss Material aus konkreten Tätigkeiten gesammelt werden. Dieses bildet zusammen mit der biografischen Erzählung den Rohstoff für die Kompetenzen, die im übernächsten Schritt dann abgeleitet werden sollen.

Wir greifen uns hierfür einen Tätigkeitsbereich aus dem Lebensprofil heraus und befragen die Teilnehmer:innen sehr akribisch, was sie dort genau gemacht haben. Welche Tätigkeiten haben sie ausgeführt? Welche Fertigkeiten haben sie dafür benötigt? Was haben sie während dieser Tätigkeit gelernt?

Nach der Reichhaltigkeit und zum Teil auch emotionalen Intensität kann der Übergang zu diesem analytischen und eher kleinteiligen Vorgehen wie eine Ernüchterung wirken. Es ist anstrengender und etwas mühsamer, als in großen Linien die Biografie zu rekonstruieren, aber es ist essentiell wichtig.

Und im Gegensatz zum Lebensprofil, das Teilnehmer:innen sofort verstehen und sehr gut selbständig anfertigen und über das sie ohne Hilfestellung sprechen können, erfordert die Fertigkeitsanalyse einige Erklärung und zum Teil auch Motivation durch den Coach.

2.3.2 Was ist an dieser Stelle mit »Fertigkeit« gemeint?

In der Arbeitspsychologie bezeichnen Fertigkeiten kleinste, erlernbare Handlungsschritte, aus denen sich eine Arbeitshandlung zusammensetzt (Kirchhöfer 2004). Wenn man dieser Definition streng folgen würde, dann würde die Analyse unglaublich kleinteilig und unübersichtlich werden. In der Praxis gehen wir hier pragmatisch vor.

Ich möchte anhand eines Beispiels erläutern, wie ein typischer Dialog zu Erklärung dieses Arbeitsschritts aussehen kann.

Coach: Sie haben schon ein bisschen was über Ihren letzten Job gesagt. Vielleicht nehmen wir uns den auch vor und schauen einmal genauer, was Sie da genau gemacht haben.

TN: O.k. Ja, also wo soll ich anfangen? Das war eigentlich ein normaler Bürojob. Ich war in der Marketing-Abteilung und in der Projektleitung.

Coach: Und was genau haben Sie da gemacht?

TN: Na ja, ganz normal eigentlich. Eben Projekte. Meetings, Präsentationen, Konzepte. Was man halt so macht. Am Rechner sitzen und mit Leuten reden, einfach gesagt.

So oder ähnlich beginnen viele der Gespräche über die Fertigkeiten. Die meisten Menschen beschreiben nicht ihre Tätigkeit oder das, was sie können, sondern sie beschreiben schlicht Aufgaben. Was sie da aber tun und wie sie das tun – das sollten sie an dieser Stelle einmal genau beschreiben.

Ziel ist es, so viel über die jeweilige Tätigkeit zu erfahren, dass ich als Coach diese Tätigkeit anderen erklären könnte. Egal, um welche Art von Tätigkeit es sich dabei handelt. Es hilft mir als Coach, wenn ich über die Jahre ein Laienwissen über unterschiedliche Tätigkeitsfelder aufbaue. Aber es ist nicht zwingend nötig, mich in der Domäne meiner Coachees auszukennen. Ich habe weder Ahnung, was ein Stahlkocher macht, noch bin ich mit den Prozeduren vertraut, die in einem Pharmazielabor vor sich gehen. Aber ich kann in beiden Fällen sehr genau fragen, was die Personen jeweils den ganzen Tag machen, wenn sie ihrem Beruf nachgehen. Ich muss als Coach sogar besonders präzise fragen – denn ich habe von beiden Feldern keine Ahnung.

Wie bereits erklärt sind Fertigkeiten kleine oder kleinste, erlernbare Handlungsschritte.

2.3.3 Ein paar Beispiele

Computer

Ein Computerprogramm zu bedienen ist ein kleiner Handlungsschritt, den jede:r erlernen kann. Man könnte diesen Handlungsschritt jetzt noch in kleinste Handlungsschritte zerlegen – z. B. welche Funktionen man in Excel oder Word beherrscht. Aber das würde in der Kompetenzenbilanz viel zu kleinteilig werden. Software-Programmierung hingegen ist kein kleiner Handlungsschritt. Es setzt die Beherrschung von Computersprachen voraus, kann mannigfaltige Spezialisierungen umfassen (App, Datenbanken, Frontend, …) und kann eine komplexe Kompetenz sein, die eben nicht jede:r erlernen kann oder will.

Buchhaltung

Eine Einnahmen-Überschuss-Rechnung anzufertigen sollte für die meisten Menschen leicht zu erlernen sein. Wenn man als einzelne kleinste Handlungsschritte auch noch aufführen würde, dass man Kopfrechnen oder ein Tabellenverarbeitungsprogramm dafür nutzen kann, dann wird es zu kleinteilig. Buchhaltung hingegen ist ein ganzer Fachbereich, für den man eigene Weiterbildungen bei der IHK belegen kann.

Autofahren

Autofahren können so gut wie alle Erwachsenen. Es kann für einen Job notwendig sein, viel mit dem Auto zu fahren, dann ist das eine Fertigkeit, die hierfür eine Rolle spielt. Wenn man nun die kleinsten Handlungsschritte hinzufügt wie bremsen, blinken etc. – dann wird das lächerlich kleinteilig. Professionell Auto fahren hingegen können Lkw- und Taxifahrer. Hier kommen dann eine ganze Reihe von Fertigkeiten (oder auch Kompetenzen) hinzu, die über das bloße alltäglich-manuelle Steuern eines Fahrzeugs und die mehr oder weniger guten Kenntnisse der Verkehrsregeln hinausgehen.

Kochen
Einfache Gerichte zu kochen kann jeder Mensch lernen. Zu kleinteilig wird es, wenn man kleinste Handlungsschritte hierfür protokolliert: Schranktür aufmachen, Pfanne herausnehmen, Herd anschalten, Öl in die Pfanne … Köche hingegen verfügen über vielfältige komplexe Kompetenzen, die sich nicht alle Menschen zutrauen zu erlernen oder für deren Erlernen sie zu wenige Ambitionen aufbringen.

Es wird klar: Mit Fertigkeiten sind Handlungen bzw. Tätigkeiten gemeint, die sich konkret beschreiben lassen, die sich erlernen lassen und die die Waage halten zwischen banal kleinteilig und abstrakt komplex. Diese Balance zu finden ist für Coachees nicht einfach und auch für Coaches lässt sich keine simple Regel finden, die sich auf alle Fälle anwenden lässt.

Obwohl das Ergebnis in der Beschreibung von Tätigkeiten letztlich einfach ist oder sich einfach liest, ist es für die Coachees zunächst ungewohnt, kompliziert und auch anstrengend, sich auf diese Beschreibungsebene zu begeben. Und insbesondere, weil nicht der Coach, sondern die Coachees selbst schriftliche Notizen hierzu machen sollen, sind sie sich häufig unsicher, ob sie die Aufgabe richtig bearbeiten.

»Soll ich das jetzt einfach so aufschreiben?« oder »Kann man das so nennen?« sind häufig gestellte Fragen in dieser Situation. Oder auch: »Ist das jetzt richtig so?«

Wichtig ist: Es geht nicht in erster Linie um das korrekte Notieren einzelner Fertigkeitsbegriffe, sondern es geht auch hier darum, ein Narrativ in Gang zu bringen. Die Coachees sollen über ihre Tätigkeit erzählen und diese genau beschreiben. Wir als Coaches haben die Aufgabe, dieses Narrativ anzufeuern, die richtige Detailtiefe auszujustieren im Dialog und immer wieder nachzufragen, innezuhalten, zu paraphrasieren und darauf aufmerksam zu machen, wenn gerade einige Fertigkeiten genannt wurden, die die Coachees sich kurz notieren können.

Häufig beschäftigen sich Coaches und Coachees an dieser Stelle mit der Frage: »Welche Fertigkeit steckt nun eigentlich hinter der jeweiligen Tätigkeit?«

Diese Frage ist für den praktischen Nutzen innerhalb eines Karrierecoachings überfordernd und akademisch überhöht.

Wenn eine Tätigkeit präzise in kleinen Handlungsschritten beschrieben ist, dann bilden sich darin auch die für den weiteren Prozess der Beratung nötigen Fertigkeiten ab. Einen doppelten Boden hinter dieser Beschreibung benötigen wir an dieser Stelle nicht. Fertigkeit wird der Einfachheit halber mit Tätigkeit gleichgesetzt. Insofern kann man an dieser Stelle auch von einer detaillierten Tätigkeits- oder Arbeitsanalyse der Teilnehmer sprechen. Hinter den verwendeten Begriffen der Fertigkeiten und Tätigkeiten steht die Annahme, dass eine Person, die eine Tätigkeit ausübt, auch über ein gewisses Können verfügt, das sie zur Ausübung der jeweiligen Tätigkeit befähigt.

2.3.4 Wie gehen wir in der Tätigkeitsanalyse vor?

Nachdem wir die Biografie mit dem Lebensprofil besprochen haben, suchen wir uns im Dialog mit dem Coachee einen Tätigkeitsbereich aus, auf den wir im Folgenden »die Lupe« richten wollen.

Ich empfehle, mit einem Tätigkeitsbereich aus der Arbeit zu beginnen, der nicht lange zurückliegt und nicht von großen Konflikten überschattet ist.

Ich empfehle außerdem, ein Arbeitsblatt hierfür zu nutzen, in dem man sich eine Übersicht aufschreibt:

- Zeitraum
- Tätigkeitsfeld
- Tätigkeitsbereich/Rolle
- Tätigkeiten/Fertigkeiten
- Wie gerne habe ich das gemacht?
- Wie gut kann ich das?

Wann?	Wo?	Was?		Wie?	
Zeitraum	Firma, Einrichtung, Familie, Hobby	Tätigkeitsbereich/ Projekt	Fertigkeit(en) Tätigkeit(en)	Können*	Smileys
2017–2019	Fa. PC International	Einkauf PC-Hardware	PC-Fachkenntnisse anwenden, aktuelle technische Entwicklungen mitverfolgen, verhandeln, Angebote sytematisch vergleichen, vor Vorgesetzten präsentieren, kaufm. Kenntnisse anwenden, Geschäftsbeziehungen aufbauen und pflegen, einzelne Gerätegruppen miteinander abstimmen	C	☺
2018–2019	Fa. PC International	Budgeterstellung	Kaufm. Wissen einsetzen, planen, mit anderen Abteilungen zusammenarbeiten, Informationen systematisch einholen und sammeln, Markt beobachten, präsentieren	D	😐
2020–2022	Fa. InterBank AG	Projektmanagement	Verschiedene Mitarbeiter koordinieren, Zeitpläne erstellen, präsentieren, Gespräche vorbereiten und führen, Prozesse dokumentieren und überwachen, mit hoher Arbeitsbelastung umgehen, transparent arbeiten, motivieren, zuhören	D	☹

Wann?	Wo?	Was?		Wie?	
Zeitraum	Firma, Einrichtung, Familie, Hobby	Tätigkeitsbereich/ Projekt	Fertigkeit(en) Tätigkeit(en)	Können*	Smileys
2020–2022	Fa. Inter-Bank AG	Datenschutzbeauftragte	Juristisches Grundwissen erwerben und anwenden, EDV-Fachwissen anwenden und immer wieder erneuern, präsentieren, sorgfältig arbeiten, bei neuen Entwicklungen immer am Ball bleiben, politische Entwicklungen (NSA) nachverfolgen, Mitarbeiter:innen von der Notwendigkeit zum Datenschutz überzeugen, Gefahren abschätzen und verständlich darstellen, Ruhe bewahren	D	😐

* A = Grundlagenwissen: Sie können eine Tätigkeit unter Anleitung ausführen.
B = Zusammenhangwissen: Sie können eine Tätigkeit unter ähnlichen Bedingungen selbständig ausführen.
C = Detailwissen: Sie können eine Tätigkeit auch unter problematischen Umständen und veränderten Bedingungen ausführen.
D = Erfahrungswissen, fachsystematisches Wissen: Sie können auch unvorhersehbare Aufgaben bewältigen und sind in der Lage, das eigene Wissen systematisch weiterzugeben.

Beispiel Fertigkeiten

Zu den einzelnen Punkten:

Zeitraum: Das mag banal klingen, aber der Vollständigkeit halber und auch als Information für den Coach ist es sinnvoll, den Zeitraum der jeweiligen Beobachtung einfach zu benennen.

Tätigkeitsfeld: Hier sollte die jeweilige Firma genannt sein, in der die Tätigkeit stattgefunden hat. Wenn es sich nicht um eine Berufstätigkeit handelt, dann sollte hier das jeweilige Hobby, das Ehrenamt, die Ausbildung benannt werden oder auch einfach der Begriff »Familie« stehen.

Tätigkeitsbereich: Hier muss man nicht künstlich überdifferenzieren. Aber in jedem Tätigkeitsfeld hat man unterschiedliche Rollen inne und es ist sehr sinnvoll, hier einzelne dieser Rollen und die jeweils dazugehörigen Tätigkeiten/Fertigkeiten zu benennen.

Ein paar Beispiele: als Führungskraft in einem Unternehmen hat man nicht von morgens bis abends Führungsaufgaben zu erledigen. Es gibt neben den Führungsaufgaben möglicherweise strategische Aufgaben, Abstimmungen mit anderen Abteilungen, Controlling-Aufgaben, Projekte mit Kunden.

Üblicherweise sind solche Rollen oder Tätigkeitsbereiche im beruflichen Bereich leichter zu benennen als im Privaten. Aber auch hier ist das selbstverständlich möglich und es lohnt sich, darüber nachzudenken, wie man Tätigkeitsfelder auffächern kann.

Wenn man als Tätigkeitsfeld das Hobby »Musik machen« untersuchen möchte, dann kann dies etwa in die Tätigkeitsbereiche Üben, mit anderen Musik machen und Auftritte differenziert werden. Man kann und tut in jedem dieser Tätigkeitsbereiche etwas anderes – wenn es auch Überschneidungen gibt.

In allen weiteren möglichen Tätigkeitsfeldern hat man ebenfalls unterschiedliche Rollen inne:

In der Familie kann man Vater/Mutter, Ehemann/-frau, Tochter/Sohn, Geschwister sein. Als Tochter/Sohn sorgt man möglicherweise für die alten Eltern, als Geschwister setzt man sich für den familiären Zusammenhalt ein und so weiter. Wenn Fern- oder Trekkingreisen ein Hobby ist, so ist die Vorbereitung der Reise etwas völlig anderes als die tatsächliche Reise oder auch eine etwaige Nachbereitung.

Tätigkeiten/Fertigkeiten

Hier sollte nun eine ganze Liste von Begriffen entstehen. Es hilft, sich zunächst ein paar Beispiele dazu anzusehen und aus ihnen zu erschließen, was diese auszeichnet.

Hierzu ein paar bunt gesammelte Beispiele:

Tätigkeitsbereiche/ Projekt	Fertigkeiten/Tätigkeiten privat
Organisation des familiären Alltags	Termine (Ärzte, Logopädie, Psychotherapie, begleiteter Umgang, Hörgeräteversorgung, Musik, Sport, Schule): Terminbedarf erkennen, Termine vereinbaren, Einhaltung sicherstellen, Elterngespräche (s. Termine), Hausaufgabenbetreuung
Vater sein	Vorbild sein, Verantwortung tragen/übernehmen, Routinen entwickeln, Struktur gewinnen, Flexibilität lernen, Gelassenheit ausstrahlen, eigene Wünsche zurückstellen, an meine Grenzen gehen, Kompromisse eingehen, Absprachen treffen, Abläufe planen, als Team arbeiten

Tätigkeitsbereiche/ Projekt	Fertigkeiten/Tätigkeiten beruflich
Vorbereitung der Vorträge (inhaltlich)	Recherche (v. a. wissenschaftlich) zum Thema, Vernetzung im Fachkreis auch um an weitere informationen zu gelangen, Hospitationen im Giftinformationszentrum. Vortrag erstellen (Präsentation) – Differenzierung zwischen Fachpersonal und Laien, Erstellung von Materialien zum Mitgeben ans Publikum (Merkkarte) evtl. spezifischen Bedarf ermitteln
Qualitätsmanagementbeauftragte	Abläufe detektieren, Dokumentationsbedarf eruieren, QM-Schulungen vorbereiten und durchführen, Gespräche führen, um die Abläufe zu verstehen, Material sammeln, kooperieren, Besprechungen führen, durchhalten, diplomatrisch Ansprüche abwehren ..., Arbeitsanweisungen, Geräteanweisungen, Ablauflpäne → Dokumente erstellen, Genauigkeit, Systematik, vernetzt denken, Struktur bilden, neues Wording ausdenken – Begrifflichkeiten anpassen
Leitung Toxikologisches Labor	Notwendige Untersuchungen festlegen, komplexe Fallbearbeitung, vernetztes Denken und Transfervermögen für die Festlegung des Untersuchungsumfanges, Nachuntersuchungen/ergänzende Untersuchungen festlegen, Ergebnisse bewerten, Gutachten erstellen, Gutachten von Kollegen kontrollieren/nachbessern, zusammenarbeiten mit Kolleg;innen
Führung/ Einführung des Personals/Dienstleister	Zeit und Personen koordinieren, Volunteers anlernen, Freude vermitteln, als Team zusammenwachsen und über drei Maonate zusammenarbeiten, vertrauen, Aufgaben übertragen, gemeinsam Aufgaben lösen, auf Stimmung und Ergebnisse achten, gemeinsam auf ein Ziel hinarbeiten

Was sind die Merkmale dieser Aufzählungen?
Wonach sollte man sich richten? Einige Orientierungspunkte:

- Es handelt sich vor allem um Verben oder kurze Formulierungen, die konkrete Handlungen beschreiben. Denken darf hierbei auch als Handlung bezeichnet werden. Kopfrechnen etwa ist eine Fertigkeit, die ich üben kann. Ich kann den Vorgang des Kopfrechnens nicht beobachten, aber er ist eine konkrete Handlung.
- Schlagworte oder Kompetenzbegriffe werden vermieden.
- Es werden nicht bloße Aufgaben beschrieben, sondern Handlungen.
- Es kommen Substantive vor, aber nur selten.
- Die Aufzählung ist so vollständig, dass man sich auch als unbeteiligter Leser ein ungefähres Bild davon machen kann, was die Person getan hat.
- Nicht nur das »Was« wird aus der Aufzählung ersichtlich, sondern auch das »Wie«.
- Es sind keine banalen Kleinigkeiten in der Beschreibung enthalten.

Was im Ergebnis einfach aussieht, ist im Prozess des Coachings nicht einfach zu erreichen. Die erforderliche Balance zwischen Spezifität, Banalität und Abstraktheit zu treffen ist nicht nur auf der begrifflichen Ebene schwer zu definieren, es unterscheidet sich auch von Coachee zu Coachee, wo hier die jeweiligen Grenzen verlaufen. Das muss im Dialog geklärt werden, sodass es von den Coachees als sinnhaft empfunden wird.

Wie fragt man nun in diese Richtung? Grundsätzlich sollte man sich an den folgenden beiden Leitfragen orientieren:

- Was tun Sie genau, wenn Sie sich dieser Aufgabe widmen?
- Was muss jemand können, der diese Tätigkeit ausführt?

War es für viele Personen bereits ein ungewohnter Schritt, sich detailliert und strukturiert mit der eigenen Biografie auseinanderzusetzen und diese zu erzählen, so ist es noch fremdartiger für viele, sich zu überlegen, zu welchem Zeitpunkt sie welche Tätigkeiten ausgeübt haben, und darüber ausführlich Auskunft zu geben. Häufig werden hier zunächst Globalantworten gegeben wie »Da habe ich das Büro organisiert«, »Da habe ich nichts Besonderes gemacht, da war ich eben Mutter« oder auch »Da habe ich gemacht, was man da so macht«. Meist beschränken sich die Teilnehmer darauf, ihre jeweilige Funktion zu benennen, tun sich aber schwer damit, zu beschreiben, auf welche Weise sie diese Funktion ausgefüllt haben. Diese Analyse ist zeitlich und inhaltlich aufwändig und anstrengend.

Wir nehmen hierbei die Rolle eines naiven Fragers ein, der sich genau beschreiben lässt, in welche Einzeltätigkeiten und konkreten Handlungsschritte sich auch alltägliche Aufgaben des Teilnehmers untergliedern lassen.

Ebenso wie sich manche Teilnehmer zunächst nicht vorstellen können, dass sie unter Umständen eine komplexe Tätigkeit ausgeführt haben, kommt es häufig vor, dass sie ihre Fertigkeiten mit verallgemeinernden Begriffen beschreiben: Teamfähigkeit, Flexibilität, Hands-On-Mentalität, Leadership, Management, soziale Kompetenz …

Solche Worthülsen gilt es zu knacken, ohne dass man den Coachees einen Vorwurf macht, wenn sie sich zunächst auf dieser Schlagwort-Ebene bewegen.

Das Wort »Flexibilität« etwa wird in seiner Bedeutung verständlich, wenn es in einen Handlungszusammenhang gebracht wird: »flexibel auf Tendenzen des Marktes reagieren«, »Zeit flexibel planen«, »Geistig flexibel sein«. Für »Teamfähigkeit« stehen Handlungszusammenhänge: »sich schnell in einer Gruppe zurechtfinden«, »in einer Gruppe verantwortlich Aufgaben übernehmen«, »in einer Gruppe Verantwortung übernehmen«, »andere in eine Gruppe integrieren können«. Generell sollte man Formulierungen finden, die nicht Eigenschaften einer Person bezeichnen, sondern das Können oder eine Tätigkeit oder eben eine Fertigkeit beschreiben.

Häufig äußern die Teilnehmer, dass es sich bei den geschilderten Fertigkeiten und Tätigkeiten doch um Selbstverständlichkeiten handele. Gerade darin liegt der Grund, warum diese Fertigkeiten so schwer zugänglich sind: Die betreffende Person beherrscht eine Tätigkeit in der Form, dass sie es gar nicht mehr nötig hat, über den genauen Ablauf ihrer Handlungen nachzudenken. Gerade diese »Selbstverständlichkeiten« gilt es aufzudecken.

Ein beispielhafter Dialog, wie er in dieser oder ähnlicher Form immer wieder auftaucht:

TN: Es ist schwierig, das zu beschreiben. Es ist eben das, was man halt so macht.

Coach: Dass Sie es einfach so machen heißt ja nicht, dass Sie es deshalb nicht könnten.

TN: Nein, natürlich nicht.

Coach: Gibt es denn Personen, die nicht das tun können, was Sie machen? Könnte ich das zum Beispiel?

TN: Nein (lacht), ich weiß ja nicht. Aber ich glaube nicht, dass Sie das könnten. Natürlich kann das nicht jeder.

Coach: Also können Sie da ja etwas – und auch etwas, das nicht alle anderen können.

TN: Ja natürlich, aber wenn ich das alles aufschreibe, was ich da mache – da sitze ich ja morgen noch da!

Dieser Dialog gibt den zu Beginn manchmal mäandernden oder in einigen Momenten fast etwas zähen Prozess natürlich verkürzt wieder. Es soll auch nicht abschrecken, dass es am Anfang Mühe bereiten kann, sich in die detaillierte Beschreibung alltäglicher Verrichtungen zu vertiefen. Wie wir noch sehen werden, ist es sogar sehr wichtig, dass man nicht in dem eher emotional orientierten biografischen Arbeiten verharrt, sondern eben genau auch diese hier stattfindende kognitive Arbeit leistet.

Der oben im Dialog beschriebene Aha-Effekt ist das Ziel der Arbeit mit den Coachees. Und genau wenn dieser Punkt erreicht werden kann, dann wendet sich das Blatt und aus dem zunächst etwas analytisch und kopflastig wirkenden Arbeitsschritt entsteht idealerweise auch hier eine narrative Dynamik, die für Coach und Coachee zahlreiche Erkenntnisse eröffnet.

2.3.5 Leitfragen

Wir können an dieser Stelle kein Drehbuch für den Verlauf eines solchen Gesprächs vorgeben. Aber einige Leitlinien, Leitplanken, Leitfragen sind erfahrungsgemäß sehr hilfreich für die konkrete Arbeit.

- Man sollte mit einem Bereich beginnen, der für den Coachee gut beschreibbar und fassbar ist – häufig bietet sich der aktuelle oder letzte Job an.
- Wichtig ist es im Weiteren aber auch, nicht nur berufliche Tätigkeiten anzuschauen, sondern unterschiedliche Tätigkeitsbereiche zu analysieren. Meistens fällt es Coachees leichter, die Tätigkeiten/Fertigkeiten aus dem beruflichen Bereich zu analysieren, als diejenigen aus dem privaten Bereich. Private Tätigkeiten werden häufig sogar überhaupt nicht als mögliche Lern- und Entwicklungsfelder erkannt.
- Die Tätigkeitsbereiche sollen im Gespräch in möglichst kleine Handlungseinheiten zerlegt werden. Ein Beispiel: Wenn ein Coachee sagt, Teil der Tätigkeit sei es zu kommunizieren, dann ist das zu wenig. Man sollte hier ins Detail gehen: Wie viel wird kommuniziert? Auf welche Weise, in welchem Stil? Was ist das Ziel der Kommunikation? Über welche Medien wird kommuniziert? Erst dann kann man sich ein differenziertes Bild davon machen, was mit Kommunikation eigentlich gemeint ist. Gibt eine Person an, im Sekretariat viel zu kommunizieren, dann gilt es herauszufinden, wie viel, auf welche Weise und mit wem die Person spricht. Ein persönlicher Kontakt ist etwas anderes als ein Telefonkontakt, der sich wiederum stark vom Schriftverkehr unterscheidet.
- Häufig wechseln Coachees die Beschreibungsebenen und fügen Substantive (»Kommunikation, Organisation« o. Ä.) ein, Kompetenzen, Fähigkeiten – es wird einiges gemischt. Das ist nicht schlimm und im Vordergrund steht nicht die völlig korrekte Ausarbeitung. Aber es hilft, sich hier die goldene Regel zu setzen, nicht zu schnell zufrieden zu sein. Als Faustregel sollte man versuchen, bei der Tätigkeitsanalyse vor allem Verben zu verwenden. Dabei sollte auf Hilfsverben wie »sein« oder »bin« verzichtet werden.

Also nicht: »Ich bin kommunikativ«, sondern z. B. »transparent kommunizieren«.

- Als Coach sollte man sich immer wieder die Frage stellen, ob ich aufgrund der Beschreibungen der Coachees die Tätigkeit so gut verstehe, dass ich sie Dritten gegenüber erklären könnte.
- Blinde Flecken oder auch Selbstverständlichkeiten lassen sich häufig aufspüren, indem man dem Coachee immer wieder eine Zusammenfassung des Gesagten zurückspiegelt und fragt, ob diese nun vollständig sei: »Wenn eine Person also Termine vereinbaren, mit den Office-Anwendungen umgehen, Preisverhandlungen führen kann, Marktkenntnisse besitzt [...] – dann kann sie genau das machen, was Sie machen?« Diese Frage führt meist zu Ergänzungen durch die Coachees! Eine Variation davon ist es, den Coachees das Szenario vorzustellen, sie müssten ein/e Stellvertreter:in einarbeiten und dafür eine vollständige Liste von Aufgaben, und wie man diese erledigt, hinterlassen. Noch eine Variante: »Erinnern Sie sich daran, wie Sie den Job angefangen haben: Was konnten Sie da noch nicht?«
- Die Ebene der Reflexion, auf der man sich bewegen sollte, ist häufig schwer zu bestimmen. Hierbei hilft es, sich zu denken: Es geht nicht um die absolute Korrektheit und Vollständigkeit der Beschreibung, sondern um die Sinnhaftigkeit in ausreichender Detailtiefe. Die Analyse sollte von den Coachees als interessant empfunden werden, dafür darf es weder zu detailliert noch zu oberflächlich sein. Wo genau diese jeweilige Ebene zu finden ist, das unterscheidet sich von Coachee zu Coachee.
- Die Tätigkeitsanalyse beginnen wir im Coaching, sie wird aber unbedingt selbständig als Hausaufgabe fortgesetzt. Dafür müssen wir ein paar Dinge beachten:
- Die Coachees sollen sich selbst ihre Notizen zur Analyse machen. Das machen nicht wir als Coaches. Wir bringen den Coachees bei, wie diese Analyse geht, sie müssen diese selbst fortsetzen, deshalb müssen sie selbst gelernt haben, ihre Fertigkeiten/Tätigkeiten aufzuschreiben.
- Wir sollten – als Richtlinie – eine berufliche Station einigermaßen vollständig im Coaching besprochen haben, eine weitere sollten

wir anfangen, und zudem ist es wichtig, auch einen privaten Tätigkeitsbereich unter die Lupe zu nehmen. Andernfalls sind die Coachees damit überfordert, damit in Hausaufgabe selbständig zu beginnen.

2.3.6 Schwierige Fälle

Es gibt außerdem immer wieder Situationen, in denen eine gewisse Überforderung mit der Analyse auftritt. Ein paar solcher Fälle und dazugehörige Fragerichtungen sind im Folgenden aufgeführt:

Leitlinien für Fälle, in denen in denen die Tätigkeiten wenig Regelmäßigkeiten aufweisen und sich als besonders komplex herausstellen:

- Gemeinsamkeiten zwischen den verschiedenen Tätigkeiten herausarbeiten,
- typische Projektabläufe erfragen,
- Situationen und Beispiele aus den Tätigkeiten beschreiben lassen,
- inhaltliche Themenschwerpunkte herausarbeiten,
- nach besonders erfolgreichen Projekten fragen,
- Fragen, in welchen Projekten der Coachee besonders viel gelernt hat und was er dort gelernt hat.
- Welche Projekte sind besonders typisch?
- Was sind Arbeitsschritte in einem Tätigkeitsbereich oder in einem Projekt?
- Lässt sich ein Projekt in typische Phasen unterteilen?
- Wie wurden Ergebnisse erzielt? Welche Werte spielten dabei eine Rolle?
- Warum ist der Job unübersichtlich?
- Was macht der Coachee in der Tätigkeit anders als andere?

Anregungen für den Fall, dass den Coachees der Sinn des hohen Arbeitsaufwands nicht einleuchtet:

- Ausblick über den weiteren Verlauf bieten,
- Sinn der Reflexion erklären,

- Mindestmaß, das zu bearbeiten ist, vereinbaren,
- Beispiele aus der Arbeitsmappe erklären,
- Tätigkeiten, die den Coachees wichtig sind, zuerst behandeln,
- Den Teilnehmer dazu anregen, die Tätigkeiten auch mit Angehörigen oder mit Kollegen zu besprechen,
- Prozess nicht im Gespräch abschließen, sondern so offen lassen, dass der Teilnehmer zu Hause genau weiß, wo und wie er weiterarbeiten soll.

Beispielfragen für den Fall, dass der Prozess oberflächlich bleibt (die Teilnehmer verwenden hauptsächlich Schlagworte und erweisen sich für die detaillierte Analyse als schwer zugänglich).

Dies wird an folgendem Beispiel für Teamfähigkeit deutlich:

- Was ist Teamfähigkeit?
- Aus welchen Leuten bestand das Team?
- Welche Aufgabe hatten Sie in diesem Team?
- Welche Aufgaben hatten die anderen Teammitglieder?
- Welche Beiträge haben Sie im Team zur Erreichung des Arbeitsziels geleistet?
- Gab es Konflikte im Team?
- Welche Konflikte waren das?
- Wie wurden diese Konflikte gelöst?
- Welche Rolle haben Sie dabei gespielt?
- …

Anregungen für den Fall, dass Tätigkeiten und Fertigkeiten von dem Teilnehmer als selbstverständlich und keiner Analyse wert befunden werden:

- Typischen Arbeitstag schildern lassen,
- Beispiele aus verschiedenen Bereichen geben lassen,
- Problemsituationen und ihre Bewältigung erfragen,
- Höhepunkte nennen lassen,
- die Arbeitshandlung verstehen (Könnte ich als Coach das anderen Personen erklären?)

- Was ist Ihnen in der Tätigkeit besonders wichtig? (Werte, »Stil« der Arbeitsweise hinterfragen),
- die Unterschiede zu anderen Mitarbeitern hervorheben,
- Grenzen: In wie kleine Handlungsschritte sollen die Tätigkeiten unterteilt werden?
- Grundsätzlich gibt es keine Begrenzung für den Grad der Detailliertheit der Analyse.
- Der Grad der Reflexion sollte dem Teilnehmer überlassen bleiben und ggf. gemeinsam vereinbart werden.
- Redundanzen, die zu keinen weiteren Erkenntnissen führen, weisen darauf hin, dass eine Grenze in der Analyse erreicht ist. (Es sollte unbedingt vermieden werden, sinnlos Daten zu sammeln.)

Wie gut kann ich das?

Es geht aber in der Analyse der Tätigkeiten nicht ausschließlich um die Beschreibung, es sollte auch ein Gefühl dafür geschärft werden, wie gut man in den einzelnen Bereichen ist. Jedenfalls sollte diese Reflexionsebene angeboten werden, denn sie kann häufig zu interessanten Erkenntnissen führen.

Es kann und soll sich aber selbstverständlich an dieser Stelle nur um eine Selbsteinschätzung handeln. Das verunsichert manche Coachees. Wenn man mit einem Arbeitsblatt arbeitet, bietet es sich an, eine Spalte mit der Überschrift »Wie ausgeprägt ist das Können in diesem Bereich?« anzulegen.

Es hat sich gezeigt, dass manche Teilnehmer sich mit einer eher komparativen Selbsteinschätzung leichter tun, als ihr Können auf einem eher abstrakten Niveau zu beschreiben. Bei anderen Coachees verhält es sich genau umgekehrt.

Die folgenden zwei Skalen haben sich für die Selbsteinschätzung bewährt:

Abstrakte Können-Skala:

a. Grundlagenwissen: eine Tätigkeit unter Anleitung ausführen können
b. Zusammenhangswissen: eine Tätigkeit unter ähnlichen Bedingungen selbständig ausführen

c. Detailwissen: eine Tätigkeit auch unter problematischen Umständen und veränderten Bedingungen ausführen
d. Erfahrungswissen, fachsystematisches Wissen: auch nicht vorhersehbare Aufgaben bewältigen können und in der Lage sein, das eigene Wissen systematisch weiterzugeben

Vergleichende Können-Skala:
a. Grundlagenwissen: »Die meisten können das besser als ich.«
b. Zusammenhangswissen: »Ich kann das so gut wie andere.«
c. Detailwissen: »Ich kann das besser als manche andere.«
d. Erfahrungswissen: »Ich kann das besser als viele andere.«

Es sollte den Coachees überlassen bleiben, ob und welche Skala sie nutzen möchten. Dazu sei gesagt, dass die Skala 1 auf einem in der pädagogischen Psychologie gebräuchlichen Konzept zur Beschreibung von Expertisegraden beruht. Skala 2 erlaubt dagegen nur eine kontrastierende Selbstbeschreibung mit einem geringen Grad an Objektivierung. Im Coaching-Gespräch besteht das Ziel darin, für einige Tätigkeitsbereiche eine Einschätzung vorzunehmen und die weitere Bearbeitung an die Teilnehmer zu delegieren.

Manchmal stellt sich auch das Problem, dass Coachees einzelne Fertigkeiten besser beherrschen als andere. Dann kann man das Können nicht einfach global auf diesen ganzen Bereich beziehen, sondern muss sich eben im Dialog überlegen, welche Dinge die Coachees aus diesem Tätigkeitsbereich besonders gerne gemacht haben und welche sie nicht mochten oder mögen.

Wie gerne mache ich das?

Während der Besprechung der Fertigkeiten ergeben sich immer wieder Situationen, in denen die Teilnehmer darüber Auskunft geben, welche Tätigkeiten sie gerne ausgeführt haben und welche sie zwar gut, aber nicht oder nicht mehr gerne ausüben. In dieser letzten Spalte können die Teilnehmer kennzeichnen, ob sie eine Tätigkeit gerne oder ungerne ausüben, oder ggf. auch notieren, welcher Aspekt ihnen in dem jeweils beschriebenen Bereich gut bzw. nicht gut gefallen hat.

Gerade das Zusammenspiel von »wie gut« und »wie gerne« kann ebenfalls zu überraschenden Ergebnissen führen.

Coach: Mir fällt auf, da gibt es viele Bereiche, in denen Sie gut sind – aber Sie haben das gar nicht gerne gemacht.
TN: Ja, das war das eigentlich Interessante an der Analyse jetzt.
Coach: Was?
TN: Dass ich schon lange etwas mache, das ich wirklich gut kann, aber dass ich das eigentlich nicht mag und nicht mehr machen möchte.
Coach: Aber ist das nicht eine dramatische Entdeckung?
TN: Nein, es gibt mir Klarheit.

Häufiger ist allerdings die Erkenntnis, dass man das, was man gut gemacht hat, meist auch gerne getan hat. Manche stellen auch fest, welche Dinge sie gut und gerne gemacht haben, aber lange nicht mehr ausüben konnten. Erkenntnisse in jeder Richtung sind also interessant.

2.3.7 Arbeit mit der Mindmap-Methode

Wie bereits erwähnt gibt es für die Kompetenzenbilanz eine umfangreiche Arbeitsmappe mit sämtlichen Arbeitsmaterialien. Aber in der Praxis ist das Medium für die Arbeit natürlich zweitrangig. Ob es sich nun um eine ausgedruckte Liste handelt, um eine Excel-Tabelle, um eine per Hand geschriebene Liste, um eine Stichwortsammlung oder um ein kollaboratives Dokument, das in einem Video-Coaching-Call geteilt und dann bearbeitet wird – welches Medium genutzt wird, hängt von Setting und persönlichen Präferenzen ab. Das Medium soll der Reflexion und der Analyse nicht im Wege stehen, sondern diese unterstützen.

Als ein »alternativer« Ansatz für das Analysieren von Tätigkeiten sei an dieser Stelle die Mindmap-Methode genannt. Manche Coachees fühlen sich wie blockiert, wenn sie sich einer nüchtern anmutenden Liste gegenübersehen und plötzlich das Gefühl haben, sich nicht in einem Coaching zu befinden, sondern eher beim Steuerberater oder einer in einer Behörde zu sein! Bei diesen Personen platzt der Knoten, löst sich die Reflexionsblockade zuweilen, wenn sie grafisch-assoziativ unterstützt werden und einen Tätigkeitsbereich nicht in einer Liste, sondern in einer Mindmap analysieren. Der Gestaltung kann hierbei einigermaßen freie Hand gelassen werden. Es bietet sich aber an, in der Mitte mit dem Tätigkeitsfeld inklusive Jahreszahl zu beginnen, dann die ersten Äste zu den Tätigkeitsbereichen zu führen und von dort aus in die Verzweigung von Tätigkeiten und Fertigkeiten zu gehen.

Auch hier kann man nun kennzeichnen, als wie gut man sich in einzelnen Bereichen einschätzt und wie gerne man die jeweiligen Tätigkeiten gemacht hat.

Wichtig auch hier wieder: Ebenso wenig, wie es bei der Listenversion um die korrekte Bearbeitung einer Liste geht, geht es, wenn man eine Mindmap anfertigt, darum, diese besonders schön zu gestalten. Es geht um die Reflexion, um das Narrativ und darum, die eigenen Tätigkeiten genau zu verstehen, wobei wir als Coaches helfen.

Die Liste an Anregungen und Variationen ließe sich an dieser Stelle noch fortsetzen. Zum Teil ist die Vorgehensweise auch von Vorerfahrungen der Coaches und den Vorlieben der Teilnehmer:innen abhängig. Solange man eine klare Struktur für das Vorgehen hat und das Warum und das Wie hinter den eigenen Methoden gut begründen kann, sollte Karrierecoaching als Prozess angesehen werden, der für verschiedene Methoden oder Kreativitätstechniken offen ist. Die Kompetenzenbilanz gießt diese Methoden lediglich in eine spezifische Form, die sich freilich in besonderer Weise bewährt hat, die aber auch offen für andere Tools und Arbeitsblätter ist, die jeweils denselben Zweck erfüllen.

Zentral ist dabei allerdings immer das Prozessziel: die systematische und schrittweise Annäherung an die Beantwortung der Fragen »Wer bin ich? Was kann ich? Was will ich?«

Eine Gefahr, unterschiedliche Methoden zu verwenden, besteht darin, Informationen zu sammeln, die unter Umständen interessante Anregungen für ein persönliches oder auch ein professionelles Gespräch bieten, die aber nicht auf ein potenzialorientiertes Karrierecoaching in erster Linie oder in seiner speziellen Form auf die

Kompetenzenbilanz fokussieren. Unter diese Techniken fallen solche, die beispielsweise Beziehungen der Personen zu ihren Eltern durch Familienaufstellungen, familiäre Stammbäume oder ähnliche Methoden ergründen wollen. Dabei soll an dieser Stelle nicht gegen diese Vorgehensweisen argumentiert werden, die in ihren jeweiligen Settings und darüber hinaus bewährt sind und erfolgreich eingesetzt werden. Ein potenzialorientiertes Karrierecoaching bietet jedoch keinen Platz für diese Methoden, die auf psychodynamischen Prozessen basieren und in der Regel hypothesengeleitet bestimmte Wirkzusammenhänge in der Biografie des Gegenübers annehmen. Die Kompetenzenbilanz soll gerade keine Methode sein, in welcher Deutung stattfindet, sondern in der es darum geht, Tätigkeiten von Personen zu analysieren, deren Zusammenhang mit der jeweiligen Lebensgeschichte zu erklären und die so gewachsenen Kompetenzen zu beschreiben.

2.3.8 Welchen Umfang sollen die Tätigkeitsanalysen haben?

Wie bereits mehrfach beschrieben: Es geht an dieser Stelle nicht um die Vollständigkeit, sondern um die Sinnhaftigkeit dieser beschreibenden Analyse. Es gibt Coachees, die bis zu 30 DIN A4-Seiten eng beschreiben, weil sie in einen regelrechten Sog der Reflexion und des Darstellens kommen und den Drang haben, einmal angefangen, die Sache auch zu einem runden Abschluss und Ende zu bringen. Andere hingegen greifen sich zwei bis drei berufliche Stationen heraus, analysieren noch ein Hobby und die Aufgaben, die durch eine intensive Renovierung des Eigenheims angefallen sind, erkennen dabei, dass sie auch in diesen unterschiedlichen Rollen immer wieder ähnliche Verhaltensmuster gezeigt haben und sind ebenfalls zufrieden mit diesem Ergebnis.

Wichtig ist: Im Coaching können wir diese Analyse nur beginnen, aber nicht – auch nicht näherungsweise – zu Ende führen. Ziel ist es, die Coachees im Gespräch so weit zu führen, dass sie diese Arbeit eigenständig zu Hause weiterführen können. Dieses offene Ende hat sich bewährt, damit die Coachees zu Hause direkt dort weitermachen können, wo sie im Coaching aufgehört haben.

Wie in der biografischen Arbeit geht es auch hier nicht vor allem darum, dass wir als Coaches genau wissen, was die Coachees bereits gemacht haben, sondern vor allem darum, dass diese selbst ihre scheinbar selbstverständlich erworbenen Fertigkeiten reflektieren und differenzieren. Wir haben als Coaches die Aufgabe, den Coachees ihre unterschiedlichen Erfahrungsbereiche der Reflexion zugänglich zu machen und bieten hierfür unsere unterstützende Beziehung, unser Verständnis, unsere fachlichen Erklärungen dazu, wie die Analyse funktioniert, und die Struktur für das Gespräch an.

Faustregel für die Gespräche ist, ein Berufstätigkeitsfeld einigermaßen vollständig zu besprechen, ein weiteres zu beginnen und außerdem einen Tätigkeitsbereich aus dem privaten Bereich in Grundzügen zu analysieren. Außerdem sollte man gemeinsam auf das Lebensprofil blicken und eine Vereinbarung darüber treffen, welche weiteren Tätigkeitsbereiche sich die Coachees in Hausaufgabe anschauen. Wie viele dies sein sollen, das unterscheidet sich, wie bereits erwähnt, im Einzelfall voneinander.

Wichtig ist, dass man sich vergewissert, dass die Coachees auch wirklich Zeit haben, sich mit den Hausaufgaben zu befassen. Manche beschäftigen sich 4–6 Stunden mit der Analyse ihrer Tätigkeiten. Dies soll aber weder eine Drohung noch eine Benchmark sein. Wenn sich die Coachees der Hausaufgabe nur eineinhalb Stunden widmen, sollten sie nicht mit schlechtem Gewissen kommen. Selbstverständlich muss jedoch sein – und dies sollte wie erwähnt bereits in der Auftragsklärung vereinbart sein –, dass Hausaufgaben Teil des Prozesses sind.

Wenn diese Hausaufgaben nicht gemacht werden, kann der Prozess nicht sinnvoll fortgesetzt werden. Sie sind Teil der Vereinbarung.

Die Erfahrung zeigt auch hier, dass das Hineintragen der Thematik in den Alltag, das Reflektieren vor dem Hintergrund alltäglicher Erfahrungen, das Besprechen mit Partnerin oder Partner, die Selbstbeobachtung zu einem wichtigen Teil der Intensivierung des Coachingerlebnisses werden können.

Karrierecoaching findet nicht nur im Coachingraum statt, sondern immer auch vor dem Hintergrund der realen Lebens- und Erlebenswelt der Coachees.

2.3.9 Effekte der Tätigkeitsanalyse

Die Tätigkeitsanalyse wird sowohl von Coaches wie auch von Coachees nicht in jedem Fall spontan als ähnlich lustvoll empfunden wie die biografische Arbeit mit dem Lebensprofil.

Allerdings sollte der positive Effekt dieser Tätigkeitsanalyse keinesfalls unterschätzt werden. Die intensive Beschäftigung mit dem, was man ganz konkret getan hat, führt zu zahlreichen Aha-Erlebnissen und Einsichten über die Reichhaltigkeit konkreter Aktivitäten in der eigenen Biografie. Jede Analyse eines Tätigkeitsbereichs stellt eine Art von Belohnung für die Mühen der Analyse dar. Zudem beginnen die Coachees unwillkürlich bereits während der Analyse damit, die Erkenntnisse zu bündeln, Muster in den eigenen Tätigkeiten und Fertigkeiten zu erkennen und so direkt über die unmittelbare Analyse hinaus Einsichten über die eigenen Kompetenzen und Werthaltungen zu gewinnen.

Im Rahmen der Evaluation der Kompetenzenbilanz konnten sowohl qualitative als auch quantitative Daten zu Nutzen und Wirkungsweise dieses Prozessschrittes gesammelt werden.

Wir wollen einen Blick auf ein paar repräsentative O-Töne aus der Evaluation werfen, um zu verstehen, wie Coachees die Tätigkeitsanalyse empfinden.

Dies ist ausgesprochen nützlich, um einerseits den Sinn und Zweck dieses Arbeitsschrittes auch den Coachees gegenüber zu erklären und auf der anderen Seiten auch als Coach diesem Schritt die notwendige Sorgfalt zu widmen. Denn für Coaches ist es ungewöhnlich, sich in dieser akribischen und beschreibenden Form einzelnen Tätigkeiten zu widmen bzw. die Rolle des Anleiters zu übernehmen.

Zur Frage, ob es mühsam ist, die Tätigkeiten in so breiter und tiefer Form zu analysieren:

> »Mühsam nicht. Ich habe mich gefreut, dass ich so viel über mich gelernt habe. Oder mühsam in dem Sinne nicht, sondern dass man durch diesen roten Faden, den man hat, nämlich die Gespräche, auf positive Weise gezwungen wird, sich mit sich selbst zu beschäftigen. Und das war mein großes Ziel, dass ich da wieder

> hinkomme. Insofern war ich vorher bereit zu sagen, gut, auch wenn es mühsam ist, auch wenn die Hausaufgabe drei oder vier Stunden zu Hause dauert, mache es vernünftig, denn das Ergebnis ist nachher deins. Du lernst für dich und insofern, ich wollte es ja wissen.«

Die Äußerung dieses Coachees spricht für sich. Es ist offensichtlich aufwändig, aber die Mühe wird durch Erkenntnisse belohnt.

Aber aus folgender Äußerung geht auch hervor, dass es die Unterstützung von und Motivation durch den Coach braucht, denn es ist ein nicht alltäglicher, schwieriger Arbeitsschritt. Zugleich zeigt die folgende Äußerung, dass ja nicht unbedingt völlig neue Fertigkeiten offenbar werden, sondern insbesondere das, »was ich schon im Kopf habe«.

> »Das war das Schwierigste, die Fertigkeiten zu erkennen. Sie als Fertigkeiten zu definieren war nicht leicht. Die Hilfestellung von außen ist da sehr schwierig, weil das natürlich individuell sehr verschieden ist, was man als Fertigkeiten ansieht und wozu einen dann der Coach motiviert. Das war einerseits auch sehr interessant. Aber im Prinzip bin ich immer auf das zurückgekommen, was ich an mir schon kenne als Fertigkeit. Oder was ich schon im Kopf habe, vielleicht.«

Die folgende Äußerung ist stellvertretend für die vielen Coachees zu sehen, die sich mit diesem Schritt viel weniger schwertun, als wir als Coaches dies häufig befürchten. Viele Coachees legen ein hohes Maß an Pragmatismus an den Tag. Auf der anderen Seite zeigt die folgende Äußerung das Problem auf, sich der Lernhaltigkeit privater Situationen bewusst zu werden. Die interviewte Person lebt in einer WG und erkannte im Coaching, was sie dabei alles gelernt hat. Die beiden weiteren Äußerungen darunter gehen darauf ein, dass die Fertigkeiten eben nicht unbewusst sind, aber ebenso selbstverständlich, dass sie häufig schwer zu beschreiben sind.

Interviewerin: Das Nächste waren die Fertigkeitslisten, wie ist es Ihnen da gegangen?
TN: Auch ganz gut. Das ist ruckzuck gegangen.
Interviewerin: Hat es etwas Besonderes gegeben, das Ihnen aufgefallen ist? Was Ihnen gefallen hat oder was vielleicht zu verbessern wäre? Oder wo Sie sich schwergetan haben?
TN: Nein, was interessant war, war z. B., dass ich auch Fertigkeiten in meiner WG einbringe. Das ist etwas, über das man gar nicht nachdenkt.

Und auch an dieser Stelle noch ein paar unkommentierte Äußerungen, die das Gesagte mit den Worten der Coachees beschreiben.

»Es ist oft zu selbstverständlich. Man denkt nicht daran, dass das wichtig ist oder war. Was man aber durchaus unterbewusst tun hat müssen. Da hat sicher der Coach viel geholfen.«

»Es war ja für mich wichtig, meine Stärken zu erkennen und im Zuge dessen, welche Möglichkeiten hätte man noch weiter, und da war die Hilfe vom Coach sehr wichtig. Weil man das selber einfach nicht sieht, man erkennt es nicht. Man hat dermaßen viel Tätigkeiten, Fertigkeiten, die man selbstverständlich nimmt, aber so was von selbstverständlich nimmt. Da käme man selber nicht drauf, dass das ja eigentlich nicht belegte Fertigkeiten und Fähigkeiten sind, aber sie sind da. Und machen fast mehr aus als die belegten. Das war wichtig zu erkennen!

Ich habe an dieser Stelle wieder die Coachees sprechen lassen, denn manche Coaches empfinden den Schritt der Tätigkeitsanalyse, wie bereits erwähnt, als etwas trocken gegenüber der biografischen Arbeit am Lebensprofil. Dieses kognitive Durchwirken der eigenen Tätigkeiten ist jedoch von essentieller Wichtigkeit.

2.4 Kompetenzen erarbeiten – Erkennen/Wollen

2.4.1 Kompetenzen als Abrundung

Wenn die Coachees sich intensiv mit der Analyse ihrer Tätigkeiten und Fertigkeiten befasst haben, ist ein Zwischenergebnis erreicht, der ein eindeutiges Gefühl des Unvollständigen hervorruft. Wie bereits beschrieben gibt es Coachees, die eine große Sammlung von Fertigkeitslisten erstellen und dieser Arbeit einige Stunden widmen. Diese fragen sich während und nach dieser Arbeit: Was mache ich jetzt mit all diesen Informationen? Und Coaches fühlen sich schnell überfordert von einer großen Informationsflut. Wie sollen all diese Informationen vollständig erfasst, überprüft, validiert, wertgeschätzt werden? Wie kann man daraus Kompetenzen ableiten?

In jedem potenzialorientierten Karrierecoaching liegt ein wesentlicher Teil der Arbeit bei den Coachees selbst. Es ist unerlässlich, dass diese ihre eignen Tätigkeiten analysieren und intensiv reflektieren. In diesem Teil des Buches erkläre ich ja das Setting des Einzelcoachings – aber auch in der Arbeit mit der Gruppe ist es ganz wesentlich, die Coachees selbst dazu zu ermächtigen, ihre eigenen Tätigkeiten zu analysieren und zu erkennen, was sie aufgrund ihrer Tätigkeiten können und im Weiteren auch zu beschreiben erlernen, welche Kompetenzen sie haben.

Je mehr Tätigkeiten sie also analyisert haben, desto kompetenter werden sie im Hinblick auf die eigenen Kompetenzen und desto leichter wird ihnen auch das darauf folgende Aggregieren oder Clustern von Fertigkeiten zu Kompetenzen fallen.

Um den Prozess zu erklären, orientiere ich mich exemplarisch auch an dieser Stelle am Ablauf der Kompetenzenbilanz.

Im klassischen Ablauf wird im ersten Coaching-Gespräch das Lebensprofil besprochen und es werden einige Tätigkeitsbereiche so weit analysiert, dass die Coachees die weitere Analyse als Hausaufgabe eigenständig weiterführen können.

Es ist die Besonderheit dieses Ansatzes, dass alle Schritte sinnvoll und auch notwendig aufeinander aufbauen. Eine Klärung der letzten der drei Fragen meines Ansatzes (»Was will ich?«) ist nicht möglich, wenn die Frage »Was kann ich?« nicht ausgiebig beantwortet wurde.

2.4.2 Das Vorgehen

Die große Herausforderung beim Ableiten von Kompetenzen aus dem bisher erarbeiteten Material besteht nun darin, die verschiedenen Fäden dessen, was bis zu diesem Punkt erarbeitet wurde, zusammenzuführen.

Ein Überblick über das, was bislang geschehen ist:

- Kennenlernen und Ziel- und Auftragsklärung
- Beschäftigung mit der eigenen Biografie, mit zentralen Werten, mit Entwicklungslinien, roten Fäden, Lebensthemen und wichtigen Entscheidungen im Leben
- Analyse von Fertigkeiten im beruflichen und privaten Bereich.
- Es wurde also schon sehr vieles thematisiert. Die Coachees haben einige Stunden im Gespräch und einige Stunden alleine in aktiver Auseinandersetzung mit diesen Themen verbracht.

Wir verfügen also zusammen mit den Coachees bereits über einen Schatz an potenzialorientierten Informationen, der weit über das hinausgeht, was Menschen über sich in einem alltäglichen Gespräch reflektieren oder nach außen preisgeben.

Diese unterschiedlichen Fäden und Informationen sollen nun zusammengeführt und zu Kompetenzbegriffen verdichtet werden.

Das stellt insofern eine große Herausforderung dar, als sich Coachees und auch Coaches damit konfrontiert sehen, eine möglicherweise große Informationsmenge auf verhältnismäßig wenige Kompetenzbegriffe zu komprimieren und außerdem Begriffe zu finden, die einerseits allgemeinverständlich in einer Fachsprache Kompetenzen beschreiben und auf der anderen Seite der Begriffswelt der Coachees entsprechen.

Denn das ist ganz wichtig: Coachees sollen in diesem Prozess sprachfähig hinsichtlich der eigenen Kompetenzen werden und sich mit den erarbeiteten Kompetenzbegriffen auch identifizieren können.

Ziel ist es, dass die Coachees befähigt werden, nach dem Prozess für sich und vor anderen konsistent, glaubwürdig und überzeugt erklären zu können, was sie können. Daran müssen wir uns als Coaches orientieren.

Bevor wir uns anschauen, wie mögliche Ergebnisse hierzu aussehen können, sehen wir uns zunächst an, wie der Prozess der Erarbeitung von Kompetenzen läuft.

Hier thematisieren wir zunächst folgende Fragen (die freilich nicht als Fragenkatalog in dieser Reihenfolge oder Formulierung gestellt werden müssen):

- Wie ist es Ihnen mit der Aufgabe gegangen?
- Wie lange haben Sie sich mit den Materialien beschäftigt?
- Gab es dabei irgendwelche Probleme?
- Was ist Ihnen besonders schwergefallen?
- Womit haben Sie sich leichtgetan?
- War es für Sie interessant, sich auf diese Weise mit Ihren Tätigkeiten und Fertigkeiten auseinanderzusetzen?
- Gibt es noch Fragen zum Ablauf, zu den Terminen etc.?

Aus diesen Eröffnungsfragen ergeben sich zumeist schon zahlreiche Hinweise dafür, wie wir nun Kompetenzen erarbeiten können. Der folgende Dialog soll beispielhaft wiedergeben, was an dieser Stelle passiert:

Coach: Wie ist es Ihnen mit der Analyse von den Fertigkeiten gegangen? Mit Ihrer Hausaufgabe?

TN: Das ging eigentlich ganz gut. Es war schon sehr viel.

Coach: Wie lange haben Sie daran gearbeitet?

TN: Na ja, erstmal eineinhalb Stunden, dann habe ich mich noch einmal eineinhalb Stunden hingesetzt und gestern noch einmal eine halbe Stunde. Irgendwann hat es dann gereicht.

Coach: Warum hat es dann gereicht?

TN: Weil es sich dann wiederholt hat.

Coach: Was hat sich wiederholt?

TN: Irgendwie – dass ich immer eigentlich eine bestimmte Rolle habe und die, glaube ich, auch ganz gut ausfülle.

Coach: Und welche Rolle ist das?

TN: Das ist die Rolle, dass ich in einer Gruppe nicht unbedingt vorangehe und die Ansagen mache, aber auch nicht einfach der

> Mitläufer bin. Während der Teamlead nach innen und nach außen arbeitet, aber eben auch viel nach außen, bin ich die Person, die dann immer ansprechbar ist, sich um die Sachen kümmert, den Laden am Laufen hält. Ich bin nicht Bundeskanzler oder Außenminister, sondern eher so der Innenminister. Und das ergibt sich immer irgendwie früher oder später so, auch wenn das auf dem Papier nirgendwo so steht, und das funktioniert dann immer sehr gut, muss ich ehrlich sagen.

Ein weiteres Beispiel:

> **Coach:** Wir war die Hausaufgabe bei Ihnen?
>
> **TN:** Ich hatte zuerst gedacht, es wird ganz viel, aber dann habe ich schnell gemerkt, dass es sich immer wieder wiederholt, was ich mache und wie ich es mache. Und dann habe ich insgesamt gar nicht so viel ausgearbeitet. Aber im Kopf hat es weitergearbeitet und mir war schnell klar, wo das immer wieder vorkommt. Ich hoffe, es reicht – weil es sind jetzt nur ein paar Seiten.
>
> **Coach:** Wenn es dazu gereicht hat zu sehen, was sich wo wiederholt, dann reicht das aber doch auch.
>
> **TN:** Ja, das war mir ziemlich schnell klar.
>
> **Coach:** Dann erzählen Sie mal.

Was an diesen kurzen Dialogbeispielen hoffentlich deutlich wird: Es ist nicht Aufgabe des Coaches, jedes aufgeschriebene Wort aus der Tätigkeitsanalyse zu sichten. Das haben ja bereits die Coachees gemacht. Es geht darum, einen Überblick zu bekommen und, wenn nötig, die Coachees darin zu unterstützen, diesen Überblick zu gewinnen.

Im semantischen Sinne ist das Ziel, Überbegriffe, Entitäten oder auch Cluster aus den einzelnen Fertigkeiten zu bilden und diese somit zusammenzufassen, zu bündeln und übersichtlich zu machen. Diese Überbegriffe sind dann die Kompetenzen.

Trotz des oben dargestellten differenzierten psychologischen Verständnisses von Kompetenzen ist an dieser Stelle ein pragmatisches und auf den Nutzen für die Coachees ausgerichtetes Vorgehen wichtig.

Es hilft, an diesem Schritt Kompetenzen lediglich als sprachliche Konstrukte zu verstehen. Als Begriffe, in denen sich idealerweise die Erfahrungen, Kenntnisse, Talente, Motive und das Wissen der Coachees kondensieren. Dieser Prozess lässt sich nicht algorithmisieren, sondern er erfordert Kreativität, Sensibilität und Erfahrung.

Blicken wir auf Äußerungen von Coachees zu diesem Schritt, werden die Erwartungen der Coachees an Coaches sichtbar und auch, worin Hürde und Nutzen dieses Schrittes liegen.

> **TN:** Der Schritt von den Fertigkeiten, aufgrund von diesen dann die Kompetenzen zu erarbeiten, das ist das Schwierigste.
>
> **Interviewer:** Eine gewisse Abstraktion? Oder wie haben Sie das in Erinnerung?
>
> **TN:** Da finde ich die Aufgabe des Coaches ganz wichtig. Weil einige Kompetenzen, die man hat, die sind für einen selber logisch. Für andere aber nicht. Genau das war für mich wichtig, dass die Frau V. nachgefragt hat oder auch von einer anderen Sichtweise gekommen ist. Um mich wieder auf neue Gedanken zu bringen. Dann sind wir da sehr genau drauf eingegangen und mein Coach hat einen Zettel nach dem anderen geschrieben und die Sammlung ist gewachsen. Dann war der ganze Tisch voller Zettel und dann habe ich gedacht: Das beschreibt mich, das taugt mir. Das ist lässig. Das war sehr positiv, so habe ich das empfunden.
>
> Das mit den Kompetenzen habe ich schon gewusst, das Feine war, darüber zu reden. Und wirklich einen Fixpunkt zu haben, dass das schriftlich festgelegt ist. Dass man mal wirklich darüber nachdenkt. Und das ausarbeitet, über die eigene Person nachdenkt, das war eine große Hilfe.
>
> Nein, ich muss den Coach loben. Weil es für mich persönlich ziemlich schwierig ist, meine Kompetenzen auszusprechen. Er hat das System angewendet, das direkt auf Karten aufzuschreiben, was sehr positiv ist. Wir haben also gesprochen, was man gemacht hat, seine Fertigkeiten, und jedes Mal rausgeholt, was dann die Kompetenz dazu ist. Teilweise, bevor ich es aussprechen konnte, hat er das dann schon mehr oder weniger herauskristalli-

sieren können, war für ihn klar war. Aber er hat es mich sagen lassen. Und das war eben gewöhnungsbedürftig, aber er hat das richtig gemacht. Und deswegen haben wir dann auch die ganzen Zettel vollschreiben können. Die Art, wie er das gemacht hat, und dass das aufgehängt wurde, hat den richtigen Überblick gegeben. Sehr nachvollziehbar. Weil es doch sehr persönlich ist.

Coachees brauchen also deutliche Unterstützung in diesem Schritt, und für Coaches ist es eine Herausforderung, dieses Clustern von vielen Einzelteilen zu größeren Bedeutungseinheiten zu begleiten. Ich empfehle, für die Erarbeitung von Kompetenzbegriffen mit Moderationskarten oder einem interaktiven Whiteboard zu arbeiten. Während bei der Tätigkeitsanalyse die »Schriftführung« bei den Coachees liegen sollte, da sie diese Aufgabe in Eigenarbeit fortsetzen sollen, ist es an dieser Stelle hilfreich oder auch notwendig, als Coach zum Schriftführer zu werden.

Zunächst sollten im Gespräch solche Kompetenzbegriffe als vorläufige Kompetenzbegriffe gesammelt werden. Es geht an dieser Stelle noch nicht darum, endgültig feststehende Begriffe zu erarbeiten. Redundanzen und Ungenauigkeiten sind völlig in Ordnung. Mit »leichter Hand« sollten so im Gespräch etwa 18–20 vorläufige Kompetenzbegriffe gesammelt werden, die die Inhalte der Tätigkeitsanalyse abdecken.

Auch Coaches sind sich hier häufig unsicher, auf welcher Abstraktionsebene sie sich bewegen sollen und wünschen sich idealerweise eine Liste mit Bespielkompetenzen, aus denen man mit und für die Coachees auswählen kann. Ich empfehle ausdrücklich, solche Kompetenzlisten nicht zu nutzen, sondern Kompetenzen immer aus dem vorhandenen Material und dem Dialog mit den Coachees heraus zu erarbeiten. Sonst besteht die Gefahr, dass sich die Teilnehmer:innen sehr schnell an vorgegebenen Begriffen festhalten und nicht mehr mit gleicher Intensität erörtern, welcher individuelle Begriff eigentlich genau für ihre Kompetenzen zutreffend ist. Hierbei soll eine Sprache gefunden werden, die einerseits für Dritte als Fachsprache verständlich ist, auf der anderen Seite aber auch dem Sprachgebrauch und Verständnis der Coachees angemessen und dazu passend ist. Kompetenzen sind Ausdruck der Individualität von Menschen – also ist es auch adäquat, individuelle Begriffe für die jeweiligen Kompetenzen zu finden.

Gleichwohl seien an dieser Stelle ein paar Beispiele genannt – eine unvollständige Liste.

Fachliche Kompetenzen	Methodische Kompetenzen
■ Ausbildungen und Abschlüsse ■ Computerkenntnisse ■ Handwerke ■ Markt-Know-how ■ betriebswirtschaftliche Kenntnisse ■ Präsentationen erstellen ■ zeichnen ■ Texte verfassen ■ Sprachenkenntnisse ■ …	■ Aufgaben und Arbeiten planen ■ ausgeprägtes Problemlöseverhalten ■ Methoden zum Wissenserwerb beherrschen ■ freies Sprechen vor Gruppen ■ Sitzungen nachvollziehbar protokollieren ■ Prozesse organisieren ■ planen ■ systematische Zeiteinteilung ■ transparentes Arbeiten ■ …
Personale Kompetenzen	**Soziale Kompetenzen**
■ Abstraktionsvermögen ■ Anpassungsbereitschaft ■ Ausdauer und Belastbarkeit ■ Begeisterungsfähigkeit ■ eigenverantwortliches Handeln ■ Bereitschaft zur Selbstentwicklung ■ räumliche Flexibilität ■ eigene Entscheidungen treffen ■ …	■ andere in eine Gruppe integrieren ■ in der Gruppe Verantwortung übernehmen ■ Kooperationsfähigkeit ■ Beziehungen aufbauen ■ Durchsetzungsvermögen ■ Einfühlungsvermögen ■ Gemeinsam eine Aufgabe lösen ■ …

Kompetenzbeispiele für die vier Kompetenzbereiche

Nochmal sei hier in Erinnerung gerufen: Die Coachees haben sich stundenlang mit der Analyse ihrer Tätigkeiten befasst. Sie haben in aller Regel ein intuitives Wissen darüber ausbildet, wie sie die dabei entstandenen Informationen sortieren wollen. Menschen ertragen Chaos nicht, sondern suchen naturgemäß immer nach Mustern und Ordnung in einer Vielzahl von mehr oder weniger ungeordneten Informationen. So ist es auch hier.

Wie bereits im vorangegangenen Arbeitsschritt zur Analyse der Fertigkeiten beschrieben, geht es beim Feststellen der Kompetenzen vor allen Dingen darum, Redundanzen (im Sinne sich wiederholender Aufgaben- und Tätigkeitsmuster) in den Fertigkeiten der Teilnehmer zu finden.

Was bedeutet das genau?

- Hat der Coachee in verschiedenen Zusammenhängen Organisationsaufgaben ausgeführt? (Beispielsweise im beruflichen Bereich verschiedene Tätigkeiten, bei denen die Person organisieren musste, und private Organisations-Aktivitäten wie in einem Verein o. Ä.)
- War der Coachee in unterschiedlichen Tätigkeiten in Gruppen tätig? (Beispielsweise Tätigkeiten in verschiedenen Arbeitsgruppen oder gemeinsames Lösen von Aufgaben im privaten Bereich)
- Fällt es auf, dass der Coachee sich komplexe Wissensinhalte selbständig angeeignet hat? (Beispielsweise selbständige Erarbeitung von Wissen, das die Person beruflich einsetzen konnte)
- War der Coachee besonderen Belastungen ausgesetzt, die er jeweils gut bewältigen konnte? (Beispielsweise Berufstätigkeit und gleichzeitig häusliche Pflege eines kranken Familienmitglieds, Hausfrau)
- Zeichnet sich der Coachee dadurch aus, mit vielen unterschiedlichen Aufgaben in einem Zeitraum umgegangen zu sein? (Beispielsweise Berufstätigkeit und Tätigkeit als Hausfrau und ehrenamtliche Tätigkeiten)

2.4.3 Kompetenzen kategorisieren

Im nächsten Schritt sollten diese Kompetenzbegriffe sortiert und kategorisiert werden.

Es bietet sich an, die Kompetenzbegriffe an eine Pinnwand oder an ein interaktives Whiteboard zu heften oder auf einem großen Tisch den vier Bereichen zuzuordnen:

- Fachliche Kompetenzen
- Methodische Kompetenzen

- Soziale Kompetenzen
- Personale Kompetenzen

Außerdem sollte man eine weitere Spalte eröffnen, die mit »Werte« überschrieben ist. Wir werden gleich darauf zu sprechen kommen, warum.

Zur Erinnerung ebenfalls eine kurze Beschreibung der jeweiligen Kategorien:

- **Fachliche Kompetenzen:**
  - Häufig sind dies die Kompetenzen, über die die Teilnehmer am leichtesten Auskunft erteilen können. Die fachlichen Kompetenzen lassen sich einerseits durch die fachlichen Qualifikationen, also auch durch ihre Zeugnisse und formellen Abschlüsse, belegen. Allerdings sind sie noch mehr. Fachliche Kompetenzen können durch Ausbildungen, während der Arbeitstätigkeit, aufgrund privater Interessen oder auch in der Familie erworben werden.
  - Die Leitfrage für die fachlichen Kompetenzen lautet: »Was sind die fachlich gelernten Voraussetzungen, um Aufgaben zu bewältigen?«
  - Nochmals einige Beispiele: Ausbildungen und Abschlüsse, Computerkenntnisse, Handwerke, betriebswirtschaftliche Kenntnisse, Zeichnen, Texte verfassen, Sprachenkenntnisse usw.
- **Methodische Kompetenzen:**
  - Unter methodischen Kompetenzen verstehen wir die Art und Weise, wie Personen mit Aufgabenstellungen und Problemen umgehen. Ausgeprägte methodische Kompetenzen verhelfen dazu, Ziele umfassend und effektiv bearbeiten zu können. Manche methodischen Kompetenzen können sich auch mit den fachlichen Kompetenzen überschneiden.
  - Die Leitfrage für die methodischen Kompetenzen lautet: »Wie gehe ich an Aufgaben und Herausforderungen heran?«
  - Nochmals einige Beispiele: Aufgaben und Arbeiten planen, ausgeprägtes Problemlöseverhalten, systematisch arbeiten, Moderation von Gruppen, Sitzungen nachvollziehbar protokollieren,

Prozesse organisieren, Zeiteinteilung, transparentes Arbeiten usw.

- **Soziale Kompetenzen:**
  - Soziale Kompetenzen bezeichnen die Fähigkeiten von Personen im Umgang mit anderen Menschen. Soziale Kompetenzen dienen dem Austausch und der Verständigung mit anderen Personen und sind eine Grundlage dafür, Beziehungen (beispielsweise auch in Gruppen) aufzubauen, zu gestalten und erhalten zu können.
  - Die Leitfrage für die sozialen Kompetenzen lautet: »Wie gehe ich mit anderen Menschen um?«
  - Nochmals einige Beispiele: in der Gruppe Verantwortung übernehmen, Kooperationsfähigkeit, Anpassungsfähigkeit, schnell Beziehungen aufbauen können, Durchsetzungsvermögen, Einfühlungsvermögen, gemeinsam eine Aufgabe lösen, andere in eine Gruppe integrieren usw.
- **Personale Kompetenzen:**
  - Personale Kompetenzen sind Fähigkeiten, die es einer Person ermöglichen, ihr eigenes Leben aktiv zu gestalten. Personale Kompetenzen sind sehr stark in der Person verwurzelt und können manchmal auch so etwas wie Persönlichkeitseigenschaften sein.
  - Die Leitfragen für die personalen Kompetenzen lauten: »Wie gehe ich mit mir selbst um?«, »Welche Eigenschaften habe ich?«
  - Nochmals einige Beispiele: Anpassungsbereitschaft, Ausdauer und Belastbarkeit, Begeisterungsfähigkeit, eigenverantwortliches Handeln, Bereitschaft zur Selbstentwicklung, eigene Entscheidungen treffen usw.

2.4.4 Werte

Wahrscheinlich können die Teilnehmer im Gespräch nicht alle Begriffe in die vier Kategorien einsortieren. Manche Kompetenzbegriffe würden die Teilnehmer gerne in alle Bereiche einordnen oder aber keiner Kompetenzklasse unterordnen. Möglicherweise thematisiert der Teilnehmer auch, dass noch ein ganz wichtiger Begriff in der Sammlung fehlt, der aber kein richtiger Kompetenzbegriff ist.

Aus diesem Grund sollte eine weitere Rubrik angelegt werden, in der die Werte einsortiert werden. Vielleicht fällt Ihnen auch einer der Begriffe ein, auf den Sie in der Biografischen Sammlung, im Lebensprofil oder bei der Analyse der Fertigkeiten gestoßen sind. Gemeint sind z.B. Begriffe wie Unabhängigkeit, Familie, Hilfsbereitschaft, Gerechtigkeitssinn oder ähnliche.

Die Coachees haben manchmal Schwierigkeiten damit, wenn an dieser Stelle Werte auftauchen. Sie sträuben sich – zu Recht – dagegen, diese Werte in die Kompetenzkategorien einzusortieren. Das verunsichert sie.

Folgendes Gesprächsbeispiel dazu:

Coach: Dann haben wir hier »selbständig arbeiten«. Wo können wir das aufhängen?

TN: Ich weiß nicht. Vielleicht als methodische Kompetenz? Aber das ist bei mir nicht Methode. Sondern so bin ich einfach.

Coach: Also vielleicht personale Kompetenz?

TN: Ich weiß nicht. Es ist auch fachlich irgendwie. Ich war ja beruflich auch schon selbständig. Und das will ich ja vielleicht auch wieder werden. Das kann ich und so bin ich einfach irgendwie. Ich kann gar nicht sagen, dass ich das kann – es ist eher »Ich brauche das.«

Dieser Dialog ist immer wieder ähnlich zu beobachten und gibt es uns recht genaue Kriterien dafür, wie wir in diesem Prozess und an dieser Stelle Werte erkennen und von Kompetenzen unterscheiden können.

Kompetenzen kann und möchte man umsetzen. Werte muss man umsetzen. Wer Werte nicht leben oder praktisch umsetzen kann, fühlt sich sehr schnell und unmittelbar bedroht. Bei Kompetenzen ist dies nicht der Fall.

»Es macht mir Freude, dass ich verhandlungssicher englisch sprechen kann. Ich organisiere gerne ein Projektteam. Aber wenn ich das ein halbes Jahr nicht machen kann, dann geht die Welt nicht unter. Wenn ich aber ein halbes Jahr nicht das Gefühl habe, selbständig arbeiten zu können oder in einem Kontext, in dem man sich gegenseitig Wertschätzung entgegenbringt, dann brennt die Hütte.«

Es überrascht viele Coaches, dass das so zentrale Thema Werte keinen eigenen Erarbeitungsschritt im klassischen Prozess der Kompetenzenbilanz hat.

Eine Anmerkung hierzu: Im Grunde genommen stellt jeder einzelne Schritt des ganzen Prozesses eine Auseinandersetzung mit Werten dar. Begonnen mit dem Kennenlernen und der Auftragsklärung. Fast immer wird der Anlass für ein Karrierecoaching ein Wertekonflikt oder eine offene Wertefrage sein. In der biografischen Arbeit geht es zentral um das Thema Werte bzw. schälen diese sich meist als rote Fäden aus der biografischen Erzählung heraus. Ebenso wird bei der Analyse von Tätigkeiten seitens der Teilnehmer:innen jede einzelne Tätigkeit daraufhin angeschaut, ob sie zu ihren impliziten oder expliziten Werten passen. Wir benötigen deshalb keinen gesonderten Schritt zur Erarbeitung von Werten, weil damit redundant auf bisher Erarbeitetes Bezug genommen werden würde.

Werte sind also eine Art Nebenprodukt, die sich jedoch als roter Faden durch die Kompetenzenbilanz ziehen. Diejenigen Begriffe, die man als Cluster aus der Fertigkeitenanalyse abgearbeitet hat und die sich nicht als personale, soziale, fachliche oder methodische Kompetenzen bezeichnen lassen, werden als Werte in eine eigene Kategorie gepackt.

Im Laufe des Prozesses zum Erarbeiten der Kompetenzen ergibt sich eine Pinnwand, die so ähnlich aussehen kann wie die folgende:

Fachlich	Methodisch	Personal	Sozial	Werte
Sprachkenntnisse Englisch Kaufmännische Kenntnisse, Studium »Sportbusiness«	Mit verschiedenen Abteilungen umgehen Selbstständig, eigenverantwortlich, diszipliniert handeln Genau sein Kompromisse herbeiführen Analytisches Denken	Wettbewerb Leistungsbereitschaft Innovationen treiben International aufgestellt sein Belastbarkeit Zuverlässigkeit	Mit Menschen aus anderen Kulturen umgehen Schnell mit Leuten in Kontakt kommen In der Gruppe Verantwortung übernehmen Projektgruppe führen Impulse geben motivieren Im Team zusammenarbeiten Lösungsorientiert arbeiten	Vorbild sein, ich achte auf mich, damit ich mit mir im Reinen bin, wie ich anderen ein Vorbildsein kann Offenheit und Ehrlichkeit im Umgang mit Kollegen/Kolleginnen Offen für neue Dinge sein Eigenverantwortung; Autonomie

Vorläufige Sammlung von Kompetenzen

Am Ende dieses Arbeitsschritts soll eine vollständige Sammlung von Kompetenzen und Werten vorliegen – an eine Pinnwand geheftet, auf einem Tisch angeordnet oder auf einer digital-kollaborativen Pinnwand visualisiert sein. Diese Sammlung sollte noch einmal als Gesamtbild betrachtet werden. Als Coach sollte man fragen, ob alle Begriffe unmissverständlich sind, ob sich der Teilnehmer mit allen Begriffen identifizieren kann, sich die Person adäquat beschrieben fühlt oder ob noch etwas in dieser Sammlung fehlt.

Es handelt sich an diesem Punkt um eine vorläufige Liste von Kompetenzen. Die endgültige Zahl der Kompetenzen und deren exakte Formulierung ergeben sich erst im nächsten Schritt.

Wenn die Pinnwand – ob virtuell oder analog – mit Kompetenzen und Werten gefüllt ist, dann lohnt sich ein Innehalten im Prozess. Ein Betrachten des Gesamtbildes. Und dies ist im Coaching häufig ein auch rührender Moment. Bei vielen Coachees stellt sich an dieser Stelle das Gefühl ein: »Ja, das ist es eigentlich.«

Es werden noch einzelne Karten mit Kompetenzbegriffen verschoben, manche Begriffe hat man zu anderen hinzugruppiert und sich noch nicht auf eine endgültige Formulierung geeinigt, aber diese

Pinnwand ist das Kondensat aus der Biografie der Coachees, aus dem Prozess, mit dem sie sich nun schon stundenlang und über Wochen beschäftigt haben.

Wir sind aber an dieser Stelle natürlich noch nicht fertig.

Es geht nun darum, die Begriffe noch zu finalisieren und kognitiv bei den Coachees so zu verankern, dass sie sich auch nach dem Prozess gut daran erinnern können und diese vor sich und anderen auch nachhaltig schlüssig darlegen und erklären können.

Damit kommen wir zum nächsten Schritt: dem Belegen und Argumentieren von Kompetenzen.

2.5 Kompetenzen belegen und argumentieren – Wollen

2.5.1 Warum ist es wichtig, Kompetenzen argumentativ begründen zu können?

An dieser Stelle erinnere ich abermals daran, was das Ziel der Kompetenzenbilanz ist: eine Klärung der Fragen »Wer bin ich? Was kann ich? Was will ich?«

Und wie ich auch schon ausgeführt habe: die Befähigung der Coachees, souverän mit den eigenen Erfahrungen umgehen zu können und vor sich und vor anderen belegen und argumentieren zu können, was man kann und was man will.

In jeder beruflichen Orientierungssituation muss ich mich anderen gegenüber darstellen und ihnen gegenüber argumentieren, was ich will, warum ich das möchte und was mich dazu befähigt, den von mir formulierten Traum zu verfolgen. Diese Anforderung gilt bei Weitem nicht nur für Bewerbungssituationen, sondern auch und vor allem im privaten Bereich. Die noch so wohlmeinendsten Partner:innen, Eltern, Freunde können den zarten Spross eines Zukunftstraums zunichtemachen, indem mit wenigen gut gemeinten Worten ein Ziel in Frage stellen, das man sich im stillen Kämmerlein ausgedacht hat und nun scheu offenbart.

Das klingt dann häufig so:

»Was, du möchtest Abteilungsleiter:in werden? Aber da hast du doch gar keine Erfahrung. Willst du das überhaupt? Den Stress und den Konkurrenzkampf. Du hast doch gar keine Führungserfahrung. Ich weiß nicht.«

Oder auch so:

»Du willst dich selbständig machen? Hast du schon mal darüber nachgedacht, dass du da auch Betriebswirtschaft können musst und keine Altersvorsorge hast? Und Urlaub hast du auch keinen.«

Eine unbedachte Formulierung – und ein Traum ist zerplatzt und wird möglicherweise für Jahre oder auch für immer zur Seite gelegt.

Es werden ganz schnell in solchen Gesprächen über die Zukunft Werte, Lebensentwürfe, Qualifikationen, Erfahrungen in Frage gestellt. Genau für solche Situationen lohnt es sich im Besonderen, gerüstet zu sein – um nicht umzufallen, sondern für sich selbst glaubhaft und auch nach außen hin überzeugend erklären zu können, warum man etwas möchte und sich auch in der Lage sieht, diesen Weg gehen zu können.

Dafür muss man lernen, die eigenen Kompetenzen nicht nur als Begriffe im Kopf zu haben, sondern diese auch argumentativ-deskriptiv belegen zu können.

Es geht nicht darum, Belege aus dem Werdegang im Sinne von Teilzertifikaten zu sammeln, sondern zu lernen, für sich und für das, was man kann, zu argumentieren.

Das klingt komplizierter, als es ist, denn alle Materialien, die wir benötigen, um für die Kompetenzen zu argumentieren, haben wir über den gesamten Prozess hin bereits gesammelt.

Wenn man die eigenen Kompetenzen argumentativ belegen will, dann hilft es, diese Kompetenzen zunächst schlicht als Behauptungen zu verstehen.

Etwas schematisch betrachtet ermuntern wir die Coachees also an diesem Punkt zu folgender Aussage:

»Ich behaupte, über die Kompetenz ›Organisationsfähigkeit‹ zu verfügen, dafür habe ich folgende Argumente.«

Oder andersherum – ohne freilich damit provozieren zu wollen; vergessen wir kurz einmal, was wir bislang besprochen haben, und fragen die Coachees:

»Sie behaupten also, gut organisieren zu können – dann erklären Sie mir einmal, was Sie damit meinen.«

An dieser Stelle wird nun deutlich: Je detaillierter die Fertigkeitenanalyse ausgefallen ist, desto präziser wird der Teilnehmer nach der Kompetenzenbilanz in der Lage sein, die eigenen Kompetenzen vor anderen und auch vor sich selbst zu belegen.

Die Herausforderung an dieser Stelle liegt nun darin, Ordnung in dem ganzen Wust an möglichen Belegen zu schaffen, die sich über den Prozess angesammelt haben.

Und dabei ist es ebenfalls wichtig, nicht in eine abstrakte Argumentationsschematik zu verfallen, sondern auch hier zu verstehen: Es ist ein Coaching, es soll ein Dialog stattfinden, es entstehen Narrative – es geht nicht um das Bearbeiten kalter Arbeitsblätter oder Schemata. Diese dienen allenfalls der Unterstützung und Sortierung dessen, was im Gespräch stattfindet.

Dennoch möchte ich die Logik dieses Argumentieren an dieser Stelle zunächst einmal darstellen, bevor ich auf die praktische Durchführung komme.

Dazu möchte ich kurz ausholen und die vorgeschlagene Struktur begründen.

Um herauszufinden, mit welcher Struktur Kompetenzen glaubwürdig argumentiert werden können, wurden aus einer Grundgesamtheit mehrerer hundert Kompetenzbeschreibungen 200 Kompetenzbeschreibungen durch unabhängige Rater identifiziert.

Diese 200 Kompetenzbeschreibungen wiederum wurden einer qualitativen Inhaltsanalyse unterzogen. Es sollte herausgefunden werden, welche Informationen diese Kompetenzbeschreibungen jeweils enthalten.

Das Ergebnis dieser Studie war:

Das Belegen von Kompetenzen findet in vier Dimensionen statt. Die einzelnen Dimensionen der Kompetenzbeschreibung und wie diese zu verstehen sind, gehen aus der folgenden Tabelle hervor, in der den vier Bereichen jeweils Leitfragen zugeordnet sind, die zum Verständnis und für die Bearbeitung hilfreich sein sollen:

Wann?

- Wann kam diese Kompetenz zur Anwendung?
- Bis wann lässt sich diese Kompetenz in der Biografie zurückverfolgen?

Was?

- Welche besonders schwierigen Aufgaben haben Sie mit Hilfe dieser Kompetenz bewältigt?

Wo?

- In welchen Situationen und an welchen Stationen in Ihrer Biografie kann diese Kompetenz unter Beweis gestellt werden?

Was?

- Welche besonders schwierigen Aufgaben haben Sie mit Hilfe dieser Kompetenz bewältigt?

Wie?

- Wie haben Sie diese Aufgaben bewältigt?
- Welche Fertigkeiten sind dieser Kompetenz zuzuordnen?
- Welche anderen Kompetenzen müssen Sie häufig einsetzen, wenn diese Kompetenz erforderlich ist?
- Wie könnten Sie diese Kompetenz noch weiterentwickeln?

Zudem sind die überzeugendsten Kompetenzbegriffe solche, die nicht nur ein einzelnes Schlagwort abbilden wie »Organisationskompetenz«, »Führungskompetenz«, »Teamfähigkeit«, sondern die kurze Formulierungen enthalten wie etwa »Projektgruppen organisieren«, »Mitarbeiter-orientiert führen« oder »Im Team solidarisch handeln«.

Entsprechend dieser Erkenntnisse sollen die Coachees nun die bisher im Prozess gesammelten Informationen zusammentragen. Es wird den Coachees auffallen, dass sie hierfür bereits alle Informationen vorliegen haben. Manchmal führt dies zunächst zu einer Irritation: »Aber das habe ich ja alles schon erarbeitet.« Dem kann man nur zustimmen und dazu ermuntern, diese Vielzahl von bislang gesammelten Informationen nach Wann, Wo, Was und Wie zu organisieren.

Für das Beispiel »Projekte und Events organisieren« könnte eine solche Sammlung z. B. folgendermaßen aussehen:

Wann?	**Wo?**
■ In der Schul- und Studienzeit organisatorisches Engagement ■ Seit 2019 Projektmanagement in der Fa. Niederhuber ■ Privat: seit Jahren Organisation von Vereinsfesten	■ Fa. Niederhuber seit 2019 Leitung von 6 jeweils relativ ähnlich abgelaufenen größeren Projekten von jeweils ca. 6–8 Monaten Dauer ■ Organisation von Vereinsfesten ■ Organisation von Schul- und Studentenfesten
Was?	**Wie?**
■ Die Organisation der Schul- und Studentenfeste fiel relativ leicht, weil wir ein großes Team waren. Schwierig war es, die Aufgaben genau aufzuteilen, weil sich niemand zuständig gefühlt hat (Organisation von Vereinsfesten ähnlich) ■ Fa. Niederhuber Projekt in festem Team. Ziele werden von der Geschäftsleitung vorgegeben ■ Meine Aufgabe: den Fortschritt der einzelnen Aufgaben überwachen und, wenn nötig, Maßnahmen einleiten	■ Zeitmanagement, mit anderen zusammenarbeiten, zielgerichtet arbeiten, belastbar sein, systematisch genau und transparent arbeiten, verschiedene Aspekte einer Aufgabe »im Hinterkopf« haben, Prioritäten setzen. Evtl. durch die Übernahme von mehr Verantwortung in der Bearbeitung von Projekten, durch die Bearbeitung vielfältiger Projekte; Fortbildung »Projektmanagment«

Argumente/Belege für Kompetenzen

Ziel ist es, auf diese Weise etwa acht Kernkompetenzen argumentativ zu belegen.

Es stellt sich die Frage, wie man nun von der vorläufigen Sammlung von vielleicht 20 Begriffen auf diese 8 Kernkompetenzen kommen soll. Hierzu möchte ich ermutigen, einfach mit den ersten Kompetenzbegriffen einmal anzufangen. Man wird schnell feststellen, dass sich nun erneut Cluster bilden und sich die Kompetenzbegriffe noch einmal verdichten, denn für die unterschiedlichen Kompetenzbegriffe wird man zum Teil jeweils ähnliche oder identische Belege finden: ähnliche Stationen aus der Biografie mit ähnlichen verknüpften Fertigkeiten und Kompetenzen. Dies ist ein Hinweis darauf, dass diese Begriffe schließlich zusammengefasst werden sollten und zum selben Cluster gehören.

Wir sollten uns an dieser Stelle vergegenwärtigen, dass Kompetenzen vor allem sprachliche Konstrukte sind. Kompetenzbegriffe dienen dazu, Erfahrungen, Fertigkeiten, Motive zu verdichten und ihnen einen Namen zu geben und sie kommunizierbar zu machen. Diese Begriffe können situativ immer wieder aktualisiert und angepasst werden. Die Coachees sollen in die Lage versetzt werden, mit diesen Begriffen und den dazugehörigen Argumenten und Beispielen souverän umzugehen.

Name der Kompetenz: Organisationsfähigkeit	
o fachlich x methodisch o personal o sozial	
Was verstehen Sie unter dieser Kompetenz genau?	**Wo haben Sie diese Kompetenz schon eingesetzt? Wo hat sich gezeigt, dass Sie das besonders gut können?**
Ich kann Projekte und Veranstaltungen organisieren, den notwendigen Personal- und Finanzbedarf erkennen und auch unterschiedliche Teams so organisieren, dass sie gemeinsam in einem größeren Projektverbund arbeiten.	■ Fa. Niederhuber: stellvertretende Projektleitung und Controlling von 6 jeweils relativ ähnlich abgelaufenen größeren Projekten von jeweils ca. 6–8 Monaten Dauer ■ Fa. Brammer: Projektleitung, Planung, Controlling, Leitung mehrerer Projektteams ■ Verein ■ Schule und Studium
Wann war das? Seit wann haben Sie diese Kompetenz?	**Beschreiben Sie, wie Sie vorgegangen sind, als Sie mit dieser Kompetenz eine schwierige Aufgabe gelöst haben.**

■ Fa. Niederhuber: 2019–2021 ■ Fa. Brammer: seit 2022 ■ Privat: bereits in der Jugend, im Verein, in der Schule und auch während des Studiums – ich habe mich immer daran beteiligt, wenn es etwas zu organisieren gab.	Zunächst versuche ich, die Fakten möglichst genau herauszubekommen: Wann muss alles fertig sein? Was sind die genauen Ziele? Welches sind die schwierigsten Fragen? Dann suche ich die Leute, die ich brauche. Dabei ist mir das Persönliche wichtiger als das Fachliche. Fachliches kann man lernen, aber wenn es persönlich nicht passt, ist es schlecht. Außerdem ist es mir besonders wichtig, sehr transparent zu arbeiten.

Kompetenzbelege – Arbeitsblatt

Auch an dieser Stelle trennen wir wieder zwischen der Arbeit im Coaching und den Hausaufgaben.

Im Gespräch werden zwei bis drei Kompetenzen auf diese Weise argumentativ belegt. In Heimarbeit sollen die Teilnehmer insgesamt etwa acht Kompetenzen in gleicher Weise ausarbeiten.

Ziel dieses Arbeitsschrittes ist:

Die Coachees
- verinnerlichen ihre Kompetenzen,
- können auf diese Weise selbst überprüfen, ob sie die genannten Kompetenzen tatsächlich haben,
- lernen, ihre erarbeiteten Kompetenzen anderen gegenüber darzustellen.

Zudem reduziert sich die Zahl der ursprünglich erarbeiteten Kompetenzen, wenn man auf diese Weise vorgeht. Belegt man 8 unterschiedliche Kompetenzen, so fällt im Gespräch auf, dass sich spätestens jetzt ein Wiederholungseffekt einstellt. Die Teilnehmer beginnen Argumente anzuführen, die sie bereits für andere Kompetenzen hinzugezogen haben. Gleichen sich jedoch die biografischen und tätigkeitsbezogenen Kompetenzbelege, so stellt sich die Frage, ob es sich nicht bei gleich belegten Kompetenzen um ein und dieselbe Kompetenz handelt.

Abgesehen davon: Ziel der Kompetenzbetrachtung sollte es sein, die Zahl der Kompetenzen auf ein Maß zu beschränken, das von den Teilnehmern auch im Anschluss an die Kompetenzenbilanz aktiv wiedergegeben werden kann. Setzen wir uns dieses Ziel, so können wir die Kernkompetenzen der Teilnehmer realistischerweise auf ca. fünf bis acht, also jeweils höchstens zwei Kompetenzen pro Kompetenzbereich, beschränken.

Halten wir uns dieses Ziel – nicht zu einer Auflistung möglichst vieler Kompetenzen, sondern zu einer genauen Beschreibung von Kernkompetenzen der Person zu kommen – vor Augen, so hat dies wesentliche Einflüsse auf den Prozess der »Übersetzung« der Fertigkeiten hin zu den Kompetenzen. Vor allem gibt uns eine solche Beschränkung die Möglichkeit, die wesentlichen Kompetenzen so intensiv zu befragen, dass sie von den Teilnehmern auch nach Abschluss des Prozesses noch eigenständig vertreten und erklärt werden können.

Die Teilnehmer sollen deshalb nicht daran gehindert werden, nach noch weiteren Kompetenzen zu suchen und diese systematisch schriftlich und argumentativ zu belegen. Doch wird nach einer wesentlichen Überschreitung der anvisierten acht Kernkompetenzen rasch ein Sättigungseffekt eintreten; Kompetenzen und deren Begründungen werden sich so stark wiederholen, dass kein weiterer wesentlicher Erkenntniszugewinn mehr feststellbar sein wird, da die Belege redundant werden.

Folgende Leitlinien gelten für den Prozess des Kompetenzen-Erarbeitens und -Belegens:

- Kompetenzbegriffe sollten den Coachees nach Möglichkeit nicht als definitiv feststehend vorgegeben werden, sondern von diesen – soweit möglich – eigenständig formuliert werden.
- Kompetenzbegriffe sind stets zu hinterfragen:
  - Möchte der Teilnehmer sich selbst diese Kompetenz auch wirklich zuschreiben?
  - Finden sich ausreichende Belege für die Kompetenz?
  - Passt der Begriff für die Kompetenz?
  - Ist der Begriff ein Allgemeinplatz, ein Schlagwort, ein Modewort?

- Es sollen alle Tätigkeiten (auch die nicht beruflichen) erfasst und untersucht werden, sodass alle Tätigkeiten eine Chance haben, durch Kompetenzen repräsentiert zu werden.
- Bei personalen und auch sozialen Kompetenzen sollte man darauf achten, ob es sich bei den einzelnen Kompetenzen nicht mitunter auch um Werte oder reine Persönlichkeitseigenschaften handeln kann. Beispiel: »Extraversion« ist eine Persönlichkeitseigenschaft. »Schnell Kontakte knüpfen« ist eine Kompetenz.
- Im Gespräch werden etwa zwei Kompetenzen argumentativ belegt – in Heimarbeit sollen insgesamt etwa acht Kompetenzen belegt und beim nächsten Mal nochmals besprochen werden.

2.5.2 Warum werden Kompetenzen nicht nach dem SKATE-Modell belegt?

Kompetenzen definieren wir nach dem bereits weiter oben dargestellten SKATE-Modell (siehe oben) ja als Mischung von Skills, Knowledge, Ambition, Talent und Experience. Wir haben also ein differenziertes und dezidiertes Modell dafür, was Kompetenzen sind und wie man diese auch im Detail beschreiben und folglich auch verbessern kann.

Warum aber nutzen wir dieses so treffliche Modell nicht für das Belegen der Kompetenzen?

Das SKATE-Modell nutzen wir eher, um die Begriffe daraufhin zu überprüfen, ob sie wirklich »kompetenzwürdig« sind. Lassen sich also zu allen fünf Elementen von Kompetenz suffiziente Aussagen treffen, um wirklich behaupten zu können, dass es sich um eine Kompetenz handelt? Einzelne Kompetenzen kann man dann auch auf Basis des SKATE-Modells noch einmal im Detail daraufhin abfragen, auf welche Weise man sie jeweils weiterentwickeln kann.

Wenn wir uns aber vorstellen, dass Kompetenzen möglichst effizient erinnert und erklärt werden sollen, so ist es »handlicher« und gängiger, einfach über ein System von Wann, Was, Wo, Wie zu erklären als Skills, Talente etc. zu differenzieren. Das würde sowohl Coachees als auch Adressaten dieser Erklärungen im Alltag überfordern.

Für die Definition von Kompetenzen und auch um Kompetenzbegriffe auf den Prüfstand zu stellen und zu hinterfragen, ob sie auch wirklich tauglich sind, um für die Coachees als solche bezeichnet zu werden, ist das SKATE-Modell sehr gut geeignet.

Außerdem sollte es immer wieder auch dazu dienen, einzelne Kompetenzen herauszugreifen und im Dialog mit den Coachees zu klären, auf welche Weise sich eine Kompetenz weiterentwickeln ließe oder ob es überhaupt wünschenswert ist, diese Kompetenz zu entwickeln. Vielleicht sehen die Coachees in einzelnen Kompetenzen ja gar nicht das Feld dessen, womit sie sich in Zukunft gerne beschäftigen möchten oder wo sie ihre eigenen Talente sehen. Gerade dieser Aspekt ist besonders hilfreich für die Auseinandersetzung mit nächsten Schritten und Zielen, die nämlich nicht nur berufliche nächste Stationen sein müssen, sondern auch Entwicklungsziele hinsichtlich der eigenen Kompetenzen sein können.

2.6 Nächste Schritte und Ziele erarbeiten – Machen

2.6.1 Warum die nächsten Schritte so wichtig sind

Im Karrierecoaching geht es nach dem Ansatz der Kompetenzenbilanz nicht um das Umsetzen von Zielen, sondern um das Definieren von Zielen. Die Ziele sind nicht der Anlass des Coachings, sondern das Ergebnis.

Immer wieder begegne ich Coaches, die – nachdem sie erstmals konsequent eine Kompetenzenbilanz mit einem Coachee durchgeführt haben – zunächst verdutzt sind.

> »Wir hatten einen super Prozess, bei dem für den Coachee auch total viel rausgekommen ist, und er hat sehr genau herausgearbeitet, welche Ziele er für das nächste halbe Jahr hat. Aber dann ist die Kompetenzenbilanz ja einfach zu Ende. Normalerweise würde das Coaching für mich aber an dieser Stelle erst losgehen.«

Offenbar ist hier also etwas anders als in gängigen Coachingansätzen. Ich erinnere abermals an den Titel dieses Buches: »Wer bin ich? Was kann ich? Was will ich?«

Das Formulieren eines Willens, die Planung eines Vorhabens, die Entwicklung konkreter nächster Schritte: das sind die Ziele dieses Prozesses. Und die Evaluation der Kompetenzenbilanz zeigt, dass diese Hilfe zur Selbsthilfe nachhaltig ist. Die Umsetzung der selbst gesetzten Ziele gelingt aber in der Regel ohne Hilfe durch einen Coach.

An dieser Stelle ein kurzer Exkurs zur Theorie der Willens- und Interessensbildung. Innerhalb der Psychologie stellt das Rubikonmodell nach Heckhausen et al. (1987) seit Jahrzehnten einen Standard dar. Dieses beschreibt, dass Entscheidungen und Handlungen in eine Willensbildung (Volition) und eine Umsetzungsphase (Motivation und Aktion) unterschieden werden können. Der Switch von der Volition zur Motivation geschieht nach Überschreitung des sprichwörtlichen Rubikon (Cäsar, 49 v. Chr.). Nach dieser Überschreitung gibt es mehr oder weniger kein Zurück mehr.

Weitgehend ungeklärt in diesem Modell ist jedoch der Inhalt der Willensbildung. Warum will ein Mensch etwas? Hierzu hat Krapp (2007) wesentliche Beiträge geleistet. Krapp nimmt an, dass es ein »duales motivationales System« gibt, dessen zwei Komponenten aus einem affektiven und einem kognitiven Subsystem bestehen. Die kognitiven Faktoren von Motivation beinhalten persönliche Werte und Ziele einer Person, während sich die affektiven Faktoren auf das jeweilige Objekt beziehen, das im Fokus des Interesses steht und hierzu eine Bindung herstellt.

Die Frage aber, warum sich Interessen auf bestimmte Objekte beziehen, sei es nun kognitiv oder affektiv, bleibt auch hier ungeklärt.

Bringt man diese beiden – hier nur extrem verkürzt dargestellten – Modelle zusammen, so kann man annehmen: dass einerseits Ziele und nächste Schritte, insbesondere wenn sie so wichtige Lebensentscheidungen betreffen wie die Wahl des Berufes oder möglicherweise einen entscheidenden Wechsel in der beruflichen Laufbahn, nicht nur kognitiv-rational aus der Eignung für bestimmte berufliche Felder abgeleitet werden können, sondern auch emotional berührt sein müssen. Welches Ziel sich jedoch eine Person wählt bzw. wie eine Person darin unterstützt werden kann, sich ein Ziel zu setzen, das bleibt ungeklärt. Die Forschung rund um die Kompetenzenbilanz jedoch gibt uns einen guten Hinweis darauf, wie diese Willensbildung inhaltlich besetzt wird: Menschen sind besser in der Lage, sich etwas zu wünschen, einen Willen zu entwickeln, wenn sie sich ihrer Ressourcen bewusst werden und dieser Prozess der Bewusstwerdung im Sinne von Krapp (2007) sowohl kognitive als auch affektiv-emotionale Komponenten enthält.

Weit einfacher gesagt: Ich muss nicht nur wissen, was ich kann, ich muss es auch spüren. Und wenn ich sowohl weiß als auch spüre, was ich kann, dann wird sich auf dieser Basis ein zu meinen Kompetenzen passender Wille herausbilden bzw. wird sich der Prozess meiner Interessensentwicklung an meinen Ressourcen orientieren.

Das mag fast banal klingen, ist es jedoch keineswegs. Vergegenwärtigen wir uns den Prozess, den eine Person durchläuft, wenn sie eine Kompetenzenbilanz beginnt. In der Regel beginnt sie diese genau aus dem Grund, weil sie nicht genau weiß, was sie in Zukunft machen will. Und die meisten Menschen haben ein ungenügend klares Bild darüber, was ihre zentralen Kompetenzen sind. Zumindest können sie diese nicht vor sich und anderen klar kommunizieren und verfügen nur implizit um das Wissen darum, was die eigenen Ressourcen sind.

Dementsprechend fällt auch die Planung der Zukunft meist irrlichternd aus. Orientierungspunkte wie Jobangebote, gut gemeinte Ratschläge von Freunden, Kollegen und Vorgesetzten, aber auch Scheu davor, sich bestimmte Schritte zuzutrauen, Risikoängste, Sicherheitsabwägungen und ähnliche Faktoren determinieren häufig Entscheidungen, die schließlich nach einer Art Ausschlussprinzip getroffen werden.

> »Für A fehlt mir die Qualifikation, bei B ist die Konkurrenz zu groß, für C bin ich schon zu alt, bleibt Möglichkeit D. Das ist zwar nicht, was ich wirklich will, aber es passt schon.«

Es gibt hierzu keine belastbaren Zahlen, aber ich unterstelle, dass ein Großteil der beruflichen Entscheidungen auf diese oder ähnliche Weise getroffen werden.

In der Kompetenzenbilanz geschieht jedoch geschieht im psychologischen Sinne Folgendes:

Die Coachees entwickeln ein mögliches Zielbild nicht aus den Zielmerkmalen abgeleitet, sondern aus ihrem eigenen, im Prozess der Kompetenzendefinition affektiv und kognitiv entwickelten Profil. Der Inhalt des jeweiligen Ziels entwickelt sich also aus der Aktivität der Coachees, die Coachees sind hierbei die aktiv handelnden, das eigene Ziel entwickelnden Personen. Der Inhalt dessen, was sie sich vornehmen, entsteht aus den Inhalten, mit denen sie sich in der Kompetenzenbilanz auseinandergesetzt haben.

Im Ergebnis mag dies selbstverständlich erscheinen. Es ist aber keineswegs selbstverständlich oder üblich. Berufliche Beratung orientiert sich meist grundsätzlich am Berufsangebot und nicht an den Kompetenzen und Wünschen der Menschen, die sich orientieren wollen. Dieses Verhältnis wird in der Kompetenzenbilanz umgedreht.

Stellvertretend folgende Äußerung eines Coachees ein halbes Jahr nach der Kompetenzenbilanz:

> »Der Coach wollte von mir wissen, was meine nächsten Schritte und Ziele sind, und wir haben es dann auch ... ich habe mich dann auch für die nächsten Schritte festgelegt. Das wäre in ungefähr drei Monaten. Meine nächsten Schritte sind jetzt: Ich habe seit Montag bei der neuen Firma angefangen. Und inwiefern ich mich da selbständig an dieser Firma beteiligen kann, das soll sich dann rausstellen. Wichtig ist, dass ich mich da weiterentwickeln kann, dass ich mich wohlfühle, dass ich meine Fähigkeiten da einsetzen kann, so, wie ich sie einsetzen will. Da bleibt doch ein Teil Selbständigkeit nicht ausgeschlossen. Wir sind auch auf die Ideen eingegangen, wenn man sich auf ganz was Neues ausrichten würde, in welche Richtung man tendiert. Eine Idee herauszufinden, womit man sich selbständig machen könnte. Da sind wir auch daraufgekommen, womit, mit welchem Produkt man sich selbständig macht, das fehlt in meinem Kopf. Deswegen haben wir uns darauf geeinigt, in den nächsten drei Monaten schaue ich mir das bei dieser Firma an. Und da ist die Überlegung, sollte ich

von vornherein meinen Stempel aufdrücken und sagen: Ich will, dass es so und so funktioniert? Soll ich mich beteiligen? Oder soll ich einfach abwarten und Tee trinken und meine Fähigkeiten nicht benützen? Und einfach den Mund halten und weitermachen? Das Letzte ist das, was ich nicht will. Aber wir haben uns das Ziel gesetzt, dass ich mir Zeit lasse und dann entscheide. Der Coach hat gemeint, dass es wichtig ist, sich vorzunehmen, in einem gewissen Zeitraum eine Entscheidung zu treffen. Ich habe gesagt, ich möchte mir das bis Ende Juli anschauen, wie es funktioniert, und mich dann weiter entscheiden: Ob ich sofort, bevor diese Firma in der Aufbauphase sich positiv steigert, mich selbständig einmischen soll, oder erst, wenn die Firma etwas erreicht hat. Das ist jetzt die Überlegung.«

2.6.2 Wie erarbeitet man nun nächste Schritte und Ziele?

Der Begriff des Ziels ist in diesem Zusammenhang recht weit gefasst. Als Ziel kann in der Kompetenzenbilanz

- jede Form eines Veränderungswunsches und
- jede in der nahen Zukunft bevorstehende Veränderung, ob diese nun gewollt oder ungewollt eintritt, verstanden werden.

Das bedeutet, dass Vorhaben einerseits darin bestehen können, eine ganz bestimmte berufliche Position zu erreichen, die beruflichen Bedingungen zu verbessern oder sich auch privat zu verändern. Solche Vorhaben (die in diesem Stadium freilich zunächst eher Wünsche sind) können z. B. lauten: »Ich möchte eine weitere Ausbildung absolvieren«, »Ich möchte wieder mehr teamorientiert arbeiten«, »Ich möchte innerhalb der nächsten zwei Jahre einen Arbeitsplatz haben, der näher an meinem Wohnort ist«, »Ich möchte meiner Familie wieder mehr Zeit widmen können«.

Andererseits können nächste Schritte auch darin bestehen, dass Personen mit einer neuen Situation umgehen lernen müssen, also etwa dann, wenn eine berufliche Veränderung (beispielsweise Kündigung) eingetreten ist. Hier sind die Ziele also von außen vorgegeben und es geht vor allem darum, eine Strategie zu finden und Ressourcen aufzuspüren, mit deren Hilfe eine positive Veränderung erzielt werden kann.

Nächste Schritte sollten nach den folgenden SMART-Kriterien (Drucker 1998) formuliert werden (damit sie eben tatsächlich zu Zielen werden und nicht nur Wünsche sind):

- S – spezifisch → genau formulieren, worin das Ziel besteht
- M – messbar → Kriterien aufstellen, an denen sich Erfolg messen lässt
- A – attraktiv → das Ziel muss persönlich bedeutsam sein
- R – realistisch → das Ziel muss erreichbar sein
- T – terminiert → zeitlicher Horizont bis zum Erreichen des Ziels

Zur Annäherung und Spezifizierung der Ziele bieten sich folgende Leitfragen an:

- Welche familiären nächsten Schritte liegen vor Ihnen?
- Welche beruflichen Vorhaben möchten Sie verfolgen?
- Welche persönlichen Ziele haben Sie?
- Welche Informationen müssen Sie hierfür noch einholen?
- Auf welche Weise können Sie Ihr Vorhaben umsetzen?
- Wann möchten Sie das Ziel erreicht haben?
- Welche Ihrer Kompetenzen helfen Ihnen dabei, Ihre nächsten Schritte umzusetzen?
- Bei wem können Sie sich in nächster Zeit Unterstützung holen?
- Wo können Sie sich informieren?
- Was machen Sie, wenn sich herausstellt, dass Ihre Vorhaben zunächst nicht umzusetzen sind?
- Welche Unterschiede haben Sie in den Arbeitsblättern zur derzeitigen und zur idealen Situation festgestellt?

Das Erarbeiten und Niederschreiben nächster Schritte ist kein originärer Schritt der Kompetenzenbilanz. Er sollte an jedem Ende eines Coaching- oder Beratungsprozesses stehen. Aber er ist sehr wirksam.

Hier ein Beispiel, wie ein solcher Aktionsplan aussehen könnte.

Was mache ich als Nächstes?	Bis wann?	Welche Aufgaben und Hindernisse gibt es dabei?	Wie kann ich diese Aufgaben bewältigen und die Hindernisse überwinden? Welche Informationen brauche ich noch? Womit fange ich an?	Bis wann?	Wer kann mich dabei unterstützen?	Was mache ich, wenn ich nicht weiterkomme?
Wieder mit dem Reiten anfangen	Ende 2022	Zeitproblem. Was machen die Kinder, wenn ich beim Reiten bin? Hohe Kosten?	Reiterhof in der Nähe suchen. Vielleicht wollen die Kinder auch gerne reiten? Teilzeitarbeit (s. u.) vorantreiben. Günstige Reitbeteiligung suchen	In zwei Wochen Informationen einholen	Mein Ehemann finanziell und persönlich. Kinder. Freundin, die auch reitet	Vielleicht gibt es bei den Reiterhöfen eine Warteliste? Für ein Wochenende einen geführten Reitausflug mit der ganzen Familie machen
Mehr Zeit für die Familie	September 2022	Geld muss verdient werden. Kann ich aus meiner ganzen eine halbe Stelle machen?	Arbeitgeber ansprechen, welche finanziellen Folgen die Teilzeit hätte. Zeitplan aufstellen, wie eine Arbeits-, Familien- und Lernwoche verlaufen kann. Mit Ehemann besprechen, wie viele finanzielle einbußen verkraftbar wären.	Im nächsten Monat	Mein Arbeitgeber, meine Familie	Nach anderen Entlastungsmöglichkeiten suchen, ggf. anderen Job suchen
Selbstständigkeit aufbauen	2023	Finanzierung, Kundenstamm, laufende Kosten, Zulassungen alle vorhanden?, juristische Fragen, betriebswirtschaftliche Fragen. Ist meine Frau einverstanden?	Mit meiner Frau reden; mit befreundetem Steuerberater reden; Partner in die Selbstständigkeit holen; möglichen Kundenstamm zusammenstellen; Kostenrechnung machen, evtl. Fortbildung absolvieren; ...	Innerhalb des nächsten Jahres	Meine Frau, mein möglicher Partner in der neuen Firma, mein Steuerberater	Ggf. Teilzeit und Teilselbstständigkeit, ggf. Jobwechsel in einen Job, in dem mehr Selbstständigkeit möglich ist
Führungsverantwortung	2023	Konkurrenz im Unternehmen, selbst noch wenig Führungsverantwortung (nur Projektteams)	Eigene Kompetenzen als Voraussetzung für Führungsverantwortung darstellen, Gespräch mit Vorgesetztem/r, Gespräche mit Freundinnen und Freunden, Gespräche mit Ehepartner:in, ggf. Fortbildung besuchen	Gespräche innerhalb der nächsten zwei Monate führen	Ehepartner:in, Vorgesetzte/r; Freundinnen und Freund	Möglicherweise in einer anderen Firma bewerben; mit Vorgesetzten einen Plan erarbeiten, wie und wann Führungsverantwortung möglich ist

Nächste Schritte und Aktionsplan

Auch an dieser Stelle wieder ein paar unkommentierte Äußerungen von Coachees hierzu:

> TN: Vom Aktionsplan her kann man sagen, dass es wesentlich besser strukturiert ist. Von dem her, dass ich anders plane, dass ich drangehe – und das ist schwer zu trennen in meiner Phase. Ich hätte es notgedrungen sowieso machen müssen. Aber durch die Kompetenzenbilanz bin ich motivierter und es hat mehr Form angenommen.
> Interviewerin: Kann man sagen, dass Sie es besser formulieren können?
> TN: Sehr viel besser. Auch allein vom Wortschatz her, allein von den Ausdrücken her, Formulierungen, die ganzen Gedankenanregungen, die da kommen bei der Kompetenzenbilanz. Das kann man alles verarbeiten und nützen.

Wesentlich ist hierbei, dass die nächsten Schritte tatsächlich auch schriftlich festgehalten werden. In der Evaluation der Kompetenzenbilanz konnten wir die Beobachtung replizieren, dass Personen, die sich keine konkreten Ziele und nächsten Schritte aufgeschrieben hatten, in aller Regel auch keine Veränderung in den Folgemonaten nach der Kompetenzenbilanz erzielt haben.

Fast alle jedoch, die ihre Ziele schriftlich fixieren, setzen diese auch um.

Es lohnt sich, als Coach in dieser Hinsicht etwas penibel zu sein und sich nicht damit zufriedenzugeben, dass Coachees angeben, sie könnten sich ihre Ziele auch so merken.

2.7 Abschluss des Prozesses

Die Kompetenzenbilanz ist für Personen gedacht, die sich in einem strukturierten Verfahren mit ihren eigenen Fähigkeiten auseinandersetzen wollen. Es soll den Coachees ermöglicht werden, ihre eigenen Fähigkeiten besser erkennen, benennen und auch für diese argumentieren zu können. Auf dieser Grundlage lernen sich die Teilnehmer:innen bzgl. ihrer derzeitigen Situation besser einzuschätzen. Von dieser verbesserten Sicht auf die eigene Position ausgehend, formulieren die sie nächste Schritte und Ziele. In relativ kurzer Zeit haben die sie einen mitunter sehr intensiven und auch sehr persönlichen Prozess mit einem Coach durchgeführt, den sie zuvor nicht kannten. Nun gilt es, einen Abschluss für diesen Prozess zu finden, der ein eindeutiges, nicht aber hartes Ende für diese Auseinandersetzung ist.

Auf welche Weise dies erreicht werden kann, hängt vor allem von der Beziehung ab, die zwischen Coach und Teilnehmer entstanden ist.

Viele Teilnehmer:innen weisen darauf hin, dass sie sich nach der Kompetenzenbilanz ein weiteres Gespräch wünschen würden, das ca. zwei Monate nach dem Abschlussgespräch stattfinden sollte und der Motivation für das Bearbeiten der individuellen Ziele dienen könnte. Eine Fortsetzung des Coachings und einer Beratung kann also sehr sinnvoll und angebracht sein, allerdings muss hierfür eine neue Vereinbarung getroffen werden, vor allem darüber, was Gegenstand der weiteren Beratung sein soll und welche Ziele hierfür gesetzt werden.

An dieser Stelle nur einige Punkte, die als Checkliste für den Abschluss des Prozesses dienlich sind:

- Sind noch Fragen bzgl. eines Punktes zur Kompetenzenbilanz offen?
- Entsprach der Prozess den Erwartungen der Teilnehmer:innen?
- Wie könnte man den Prozess noch optimieren?
- Ggf. einen Termin für das Zuschicken der schriftlichen Dokumentation und die Besprechung derselben vereinbaren. Es kann auch nochmals darauf verwiesen werden, dass die Kompetenzen im schriftlichen Gutachten vermutlich in abgewandelter Form dargestellt und vor allem nur die wichtigsten und »profilbildenden« Kompetenzen genannt werden.
- Besteht Interesse an anschließenden Modulen?
- Hier lässt sich außerdem nochmals besprechen, in welcher Weise die Kompetenzenbilanz von den Teilnehmer:innen in Eigenarbeit

weitergeführt werden kann. Wichtig ist auch, nochmals darauf hinzuweisen, dass die Kompetenzenbilanz eine Momentaufnahme und »Zwischenstand«, d. h. vorläufig und prozesshaft ist.

Der Abschluss des letzten Coaching-Gespräches gestaltet sich sicherlich von Fall zu Fall sehr unterschiedlich und ist abhängig vom gesamten Prozess und auch von der Beziehung, die sich im Laufe der Kompetenzenbilanz zwischen Teilnehmer:in und Coach entwickelt hat.

Themen, die zum Abschluss des Gespräches noch geklärt werden sollten:

- Welche Fragen sind noch offen?
- Wie geht es mit der schriftlichen Kompetenzenbilanz weiter? Vereinbarung über Inhalte der schriftlichen Kompetenzenbilanz und ggf. Rückmeldung per Mail.
- Wird die schriftliche Kompetenzenbilanz persönlich übergeben oder postalisch zugestellt?
- Ausgabe des Evaluationsbogens
- Besteht Interesse an anschließenden Modulen und an Gruppen für den Erfahrungsaustausch?
- Hier lässt sich außerdem nochmals besprechen, in welcher Weise die Kompetenzenbilanz von den Teilnehmer:innen in Eigenarbeit weitergeführt werden kann. Wichtig ist auch eine nochmalige Erklärung der Vorläufigkeit bzw. Prozesshaftigkeit der Kompetenzenbilanz als Momentaufnahme und »Zwischenstand«.
- Es kann auch nochmals darauf verwiesen werden, dass die Kompetenzen in der schriftlichen Kompetenzenbilanz vermutlich in abgewandelter Form dargestellt sind und vor allem nur die wichtigsten und »profilbildenden« Kompetenzen auftauchen werden.

2.8 Schriftliche Kompetenzenbilanz

2.8.1 Was ist die schriftliche Bilanz?

Nach dem Abschluss des Coachings sollten die Ergebnisse des Prozesses nochmals schriftlich zusammengefasst werden. Dieses Protokoll ist die »Schriftliche Kompetenzenbilanz«. Dieses Dokument ist einerseits Teilnahmebestätigung und andererseits ein unterzeichnetes Schreiben, in dem den Coachees bestätigt wird, welche Kompetenzen sie haben. Für Coaches stellt sich vor dem Hintergrund dessen, dass man am Ende des Prozesses ein schriftliches Dokument anfertigen und unterschreiben muss, die Aufgabe, den Prozess und auch das abschließende Dokument so zu gestalten, dass man es als Coach auch wirklich guten Gewissens unterschreiben kann.

Es ist ungewöhnlich, als Coach ein solches Gutachten für die Coachees anzufertigen. Dennoch möchte ich kurz beschreiben, wie dieses Dokument aufgebaut ist und welchen Zweck es erfüllt.

Die schriftliche Kompetenzenbilanz enthält die folgenden Teile:

- Deckblatt und Teilnahmebestätigung
- Person
- Perspektive
- Kernkompetenzen Abschluss

Zu den einzelnen Teilen.

2.8.2 Deckblatt und Teilnahmebestätigung

Auf dem Deckblatt findet sich das Logo des durchführenden Coaches oder der durchführenden Institution, ferner Name von Coach und Coachee, eine kurze Beschreibung der Methode, Umfang des Coachings, Datum und Unterschrift des Coaches.

2.8.3 Person

Hier wird die Person anhand ihrer Eigenschaften und der wichtigsten Tätigkeiten beschrieben. Auch einige biografische Fakten sollten in diesem Abschnitt vorkommen.

Neben dem beruflichen Fokus ist auch eine Darstellung des familiären Standes oder besonderer Interessen möglich.

Folgende Inhalte können außerdem enthalten sein:

- Mit welchen Personen arbeitet die Person gerne zusammen?
- In welchen sozialen Kontexten bewegt sich die Person vornehmlich?
- In welchen Kontexten arbeitet die Person?
- Auf welche Weise arbeitet die Person?
- Wie geht die Person mit Stress um?
- Wie geht die Person mit Konflikten um?
- Wie verhält sich die Person in Gruppen?
- Wie verhält sich die Person gegenüber anderen?
- Welche Werte sind der Person besonders wichtig?

Es müssen keinesfalls all diese Punkte beschrieben werden, sondern nur solche, die aus den Gesprächen als wesentlich für die Beschreibung der Person erkennbar wurden und die öffentlich gemacht werden können.

Vermieden werden sollte insgesamt ein floskelhafter Stil (häufig beginnend mit der Formulierung: »Herr X. ist sowohl in der Lage, mit anderen Personen zu arbeiten, wie auch selbständig tätig zu sein.«)

Umfang dieses Abschnitts: max. eine Seite.

2.8.4 Perspektive

Hier folgt nun eine kurze Beschreibung der aktuellen Situation des Klienten. Warum hat er an der Kompetenzenbilanz teilgenommen? Was sind die Ideen und Pläne für die kommende Zeit? Welche Überlegungen leiten die Person hierbei? Welche nächsten Schritte müssen hierfür in Angriff genommen werden? Negative Abgrenzungen gehören nicht hierher, z. B.: will nicht im öffentlichen Dienst arbeiten oder Ähnliches. Der Umfang beträgt meist ca. eine halbe Seite.

2.8.5 Kernkompetenzen

Hier werden die Kompetenzen für die einzelnen Bereiche (soziale, methodisch, fachliche, soziale Kompetenzen) beschrieben. Die Abgrenzung zwischen den Bereichen wurde bereits weiter oben geklärt. Leitlinien und -fragen für die Gestaltung dieses Abschnittes sind:

- Es sollte in ganzen Sätzen formuliert werden.
- Die Kompetenzen können als »Behauptung« und die Erklärung als »Argument« verstanden werden.
- Es sollten nicht zu viele Kompetenzen aufgeführt werden (Richtlinie sind nicht mehr als zwei Kompetenzen in jedem Bereich; in begründbaren Einzelfällen mehr). Dieses Vorgehen sollte mit den Coachees im Vorfeld abgesprochen werden.
- Es kommt auf die profilbildenden Kompetenzen an. Dazu gehört z. B. nicht der Führerschein. Es ist gut, wenn die Coachees sämtliche Kompetenzen in ihren handschriftlichen Unterlagen aufgeschrieben haben. Nach außen kommunizierbar sind aber nicht alle Kompetenzen.
- Was ist die spezifische Qualität, mit der der/die TeilnehmerIn ihre/seine Aufgabe ausführt? (Wie tut er/sie etwas?)
- Können Querverbindungen zwischen den Kompetenzen hergestellt werden? Dadurch wird die Handlungsweise der Person transparenter; die Vielzahl der Teilkompetenzen lässt sich dadurch vielleicht etwas einschränken.
- »Weggekürzte« Kompetenzen können unter Umständen als Unterpunkt bzw. in die Beschreibung der spezifischen Qualität einer einzelnen Kompetenz Einzug halten.
- Unbedingt vermieden werden müssen Formulierungen, die suggerieren, der Coach wäre bei den Handlungen der Person vor Ort gewesen. So kann in der schriftlichen Kompetenzenbilanz etwa beschrieben werden, dass der Coachee sich darum bemüht habe, für ein angenehmes Arbeitsklima zu sorgen; ob ihm das jedoch ge-

lungen ist, müsste man die Gruppe vor Ort fragen. Sofern es Indikatoren gibt, die eine solche Beschreibung rechtfertigen, sind diese aufzuführen.

- Wenn möglich, sollten Formulierungen wie »Frau/Herr X hat die Fähigkeit Y im Bereich Z *bewiesen/nachgewiesen*« vermieden werden. Mit einem »Beweis« tun wir uns als Coaches schwer. Wie bereits gesagt, eignet es sich hier eher, auf das Bemühen oder wenn irgend möglich auf konkrete Handlungsergebnisse zu verweisen.

2.8.6 Abschluss

Im Rahmen dieses Teiles der schriftlichen Kompetenzenbilanz sind zunächst die im Rahmen des Coachings erarbeiteten nächsten Schritte aufzuführen. Dies kann dann als Anker dafür dienen, die mehr oder weniger klar herausgearbeiteten Hindernisse und Ressourcen nochmals zu benennen, die für das Erreichen der nächsten Schritte wichtig sind. Dieser Abschlussteil der schriftlichen Kompetenzenbilanz ist in seiner Gestaltung frei, da er nicht an Dritte geht, sondern sich persönlich an die Coachees richtet. Insofern ist hier auch Raum für Bemerkungen, die in den anderen Teilen der schriftlichen Kompetenzenbilanz keinen Raum finden. Der Teil kann in Form eines persönlichen Briefes an den Klienten abgefasst werden, der eine kurze Reflexion des Coachings und der darin identifizierten Hauptthemen betrifft. Im Rahmen der persönlichen Empfehlungen des Coaches können hier auch respektvoll Problembereiche und Schwachpunkte des Klienten angesprochen werden – allerdings nur, wenn sie tatsächlich mit einer nützlichen Empfehlung verbunden sind. Das Kriterium der Nützlichkeit für die Coachees ist auch hier von zentraler Bedeutung, da die positive Entwicklung im Sinne des Klienten im Vordergrund steht. Es ist also durchaus angebracht, sich auch in diesem Teil Gedanken darüber zu machen, welche Themen für das Erreichen der Ziele der Coachees bedeutsam sind und welchen Einfluss sie auf die weitere Entwicklung der Coachees haben werden.

2.8.7 Noch ein paar Leitlinien für die schriftliche Kompetenzenbilanz

Erster Adressat dieser schriftlichen Kompetenzenbilanz ist der Coachee.

Aber: Neben der Repräsentation eines Arbeitsergebnisses, das als Resultat der Kompetenzenbilanz vorweisbar ist, kann die schriftliche Kompetenzenbilanz folgende Funktionen erfüllen:

- Coachees können die schriftliche Kompetenzenbilanz – bzw. Teile daraus – einer Bewerbungsmappe beilegen.
- Coachees können sich anhand der schriftlichen Kompetenzenbilanz auf Bewerbungsverfahren vorbereiten, z. B. indem sie Argumentationslinien hinsichtlich bestimmter Kompetenzen »auffrischen«.
- Coachees können Elemente der schriftlichen Kompetenzenbilanz in von ihnen erstellte Lebensläufe übernehmen bzw. sich von ihnen zur Gestaltung des eigenen Lebenslaufes anregen lassen (siehe natürlich auch den Lebenslauf innerhalb des Coachingprozesses).
- Coachees erhalten angesichts der strukturierten Darstellung die Möglichkeit, den begonnenen Zielfindungsprozess fortzusetzen.
- Coachees werden durch die Lektüre der schriftlichen Kompetenzenbilanz womöglich darin bestärkt, Tätigkeiten auch künftig reflektierender wahrzunehmen.

Es wird deutlich, dass die schriftliche Kompetenzenbilanz auch dazu verwendet werden kann, die erarbeiteten Ergebnisse nach außen hin zu präsentieren.

Dieser Aspekt zieht gewichtige Konsequenzen bzgl. der inhaltlichen und sprachlichen Gestaltung nach sich. Einige Gedanken hierzu:

a) Die schriftliche Kompetenzenbilanz sollte inhaltlich so gestaltet sein, dass sie auch Dritten gegenüber (etwa vor einem potenziellen Arbeitgeber) präsentiert werden kann. Hier ist nicht ausschließlich darauf zu achten, wie die Coachees mit evtl. problematischen Inhalten umgehen möchten. Unter Umständen schätzen die Coachees im Einzelfall die Wirkung eines Sachverhaltes (z. B. zeitweilige Zugehörigkeit zu einer Sekte oder Aufenthalt in einer psychiatrischen Klinik) falsch ein.

b) Eng damit hängt die formale und sprachliche Gestaltung der schriftlichen Kompetenzenbilanz zusammen. Es hat sich herauskristallisiert, dass eine schriftliche Kompetenzenbilanz, deren Inhalte nur stichwortartig aufgeführt sind, schwer lesbar ist und hinsichtlich der Begründungen, warum die Klienten über bestimmte Kompetenzen verfügen, von Dritten, die nicht unmittelbar am Coachingprozess teilgenommen haben, kaum nachvollziehbar ist. Ein zu essayistischer Stil (»Zertifikatsprosa«) wird wiederum vom Leser häufig als kaum brauchbare Eindrucksschilderung wahrgenommen, die zudem sehr schnell den Eindruck erweckt, als wolle sich der Coach bei den Coachees anbiedern.

c) Die Formulierungen sollen respektvoll und dabei eindeutig sein. Eigentlich ist das eine Selbstverständlichkeit, die man beim Schreiben aber manchmal vergisst: wie würde jemand anderes den Text verstehen, über welche Formulierungen könnte er stolpern? Wir haben potenziell zwei strukturelle Sicherungsmechanismen, die dabei helfen können, eine möglichst klare und exakte Sprache zu finden. Einerseits das Feedback der Coachees, ob sie sich in den gewählten Formulierungen und Beispielen wiederfinden. Dieses Feedback ist wichtig, hat aber in der Regel wenig mit dem zu tun, was ein »neutraler Dritter« herauslesen würde, da der Klient ja Teil des Prozesses ist und insofern eine »Binnensicht« auf die schriftliche Kompetenzenbilanz hat. Um dieses Feedback weiter anzureichern, ist es prinzipiell sinnvoll, eine Qualitätssicherung als zweite strukturelle Hürde vor der Aushändigung der schriftlichen Kompetenzenbilanz zu schaffen (wobei die Reihenfolge Qualitätssicherung – Teilnehmer:in vorgeschlagen wird). In der Qualitätssicherung sollten alle ausgestellten schriftlichen Kompetenzenbilanzen gegengelesen und ggf. korrigiert werden, bevor sie ausgehändigt werden und somit auch zum Aushängeschild für die ausstellende Institution werden. Beide Rückmeldeinstanzen sind nicht nur als Qualitätssicherungsmaßnahmen zu verstehen, sie bieten dem aufgeschlossenen Coach gerade am Anfang seiner Tätigkeit wesentliche Lernchancen.

d) Wie bereits im ersten Punkt angeklungen ist, sollten die Deutungen der Coachees möglichst kritisch, aber respektvoll hinterfragt werden. Das ist natürlich nicht nur eine Aufgabe, die für das Schreiben der schriftlichen Kompetenzenbilanzen wichtig ist; die Coaches sollten während des gesamten Prozesses eine respektvoll-mitfühlende, aber auch kritisch distanzierte Haltung einnehmen. Die weitere Praxis und die anwachsende Menge an Beispielzertifikaten werden zu einem zunehmend ähnlichen Verständnis davon führen, wie im individuellen Fall eine gute schriftliche Bilanz aussehen sollte.

e) Es geht bei der schriftlichen Kompetenzenbilanz nicht um ein Reklameschreiben für die Coachees. Bereits weiter oben wurde darauf hingewiesen, dass ein von einem unbeteiligten Dritten als anbiedernd empfundener Stil und Inhalt der schriftlichen Kompetenzenbilanz zu Reaktanz und in der Folge zur Zurückweisung des gesamten Zertifikates führen kann. Mit einer dem Klienten über die Maßen schmeichelnden schriftlichen Bilanz täte man ihm keinen Gefallen, da sie einerseits unglaubwürdig wirken kann (dem kann eine klare Begründung der gewählten Kompetenzzuschreibungen vorbeugen) und andererseits – sollte der Inhalt nicht der Realität entsprechen – schnell den Ruf bekäme, letztlich nicht brauchbar zu sein. Den besten Dienst erweisen wir dem Klienten, wenn wir ihm gegenüber ehrlich sind, und – aus kritischer Distanz uns selbst gegenüber – eine respektvolle Rückmeldung geben.

f) Es ist nicht unbedingt einfach, anderen Menschen gegenüber ein »objektives« Urteil abzugeben – und im Rahmen der Kompetenzenbilanz ist es auch ein kleiner Spagat, das zu wagen. Einerseits verlangt die Kompetenzenbilanz, dass wir uns auf die Welt unserer Coachees einlassen und uns das ansehen, was sie uns zeigen wollen. Andererseits sollten wir auch versuchen, hinter das zu schauen, was uns gezeigt wird. Die Perspektive ist dabei keineswegs therapeutisch – die wenigsten Coaches haben eine entsprechende Ausbildung und die Kompetenzenbilanz verfolgt grundsätzlich keinen therapeutischen Ansatz –, sondern einerseits an der eigenen Wahrnehmung des Klienten und andererseits an der inhaltlichen Logik des Dargestellten orientiert. Beide Punkte können nicht unabhängig von der Person des Coaches gesehen werden, von seinem Vorwissen und davon, wie der Klient auf ihn wirkt. Ein kritisches Hinterfragen des eigenen Eindruckes ist hier unabdingbar. Auch das ist ein Grund dafür, warum die Aussagen in der schriftlichen Kompetenzenbilanz begründet werden sollten – man kann es als »strukturelle Notwendigkeit« sehen, das eigene Urteil zu hinterfragen.

g) Unbedingt soll die schriftliche Kompetenzenbilanz ressourcenorientiert und an den Stärken ausgerichtet gestaltet werden. Wenn wir über die Stärken unserer Coachees berichten, heißt das gleichzeitig nicht etwa, dass wir die Schwächen aktiv verschweigen würden und damit die Situation schönreden wollten. Der Kernansatz der Kompetenzenbilanz liegt in der Orientierung hin auf die Stärken von Personen. Sie sind es, an denen sich eine Neuorientierung ausrichtet, nicht etwa die Schwächen von Menschen. Im Bereich der Leistungsmotivation wird seit langem eine »Misserfolgsmotivation« beschrieben, die sich überkritisch an den eigenen Schwächen orientiert und die Stärken damit so weit nivelliert, dass herausfordernde Handlungen weitestgehend unterbleiben. Dem entgegengesetzt ist der Glaube an den eigenen Erfolg, der Menschen dazu befähigt, auch schwierige Aufgaben anzugehen und zu bewältigen. Es hat sich in verschiedenen wissenschaftlichen Arbeiten immer wieder gezeigt, dass diese positive Einstellung (die ja über die Leistungsmotivation hinausreicht, z.B. als Selbstwirksamkeitserwartung oder proaktive Persönlichkeit) eine grundlegende Ressource ist, um sich erfolgreich an neue Situationen anzupassen und auch kritische Veränderungen so zu bestehen, dass sie nicht zu großen Belastungen werden. Darin liegt der wesentliche Grund für die Ausrichtung der schriftlichen Kompetenzenbilanz und der Kompetenzenbilanz im Allgemeinen: Es geht darum, die Coachees zu stützen und ihnen dabei zu helfen, notwendige berufliche und private Veränderungen einzuleiten und zu einem produktiven Ende zu bringen. Die Kompetenzenbilanz ist entwicklungsorientiert und betont damit vor allem die Ressourcen der Coachees, um zu zeigen, wie diese Entwicklung eingeleitet und zu ihrem Ziel geführt werden kann.

h) Zusammenfassend soll nochmals festgehalten werden: Bei der schriftlichen Kompetenzenbilanz handelt es sich um eine nüchterne Beschreibung des Werdegangs, der Anforderungen, Eigenschaften und Kompetenzen der Personen. Die schriftliche Bilanz muss sprachlich-stilistisch so abgefasst sein, dass sie Dritten vorgelegt werden kann. Unbedingt vermieden werden soll hier eine besonders bildhafte und blumige Ausgestaltung der Fähigkeiten einer Person. Auch eine »spannende« Erzählweise ist nicht angebracht. Allein die Beschreibung bedeutet bereits eine große Wertschätzung für die meisten Personen; Übertreibungen und Anstrengungen, die Person »bildhaft vor dem geistigen Auge des Lesers erstehen zu lassen«, sind überflüssig.

2.8.8 Nutzen einer schriftlichen Kompetenzenbilanz

Wie bereits eingangs geschrieben: Ich muss mich als Coach disziplinieren, wenn ich am Ende des Prozesses ein Dokument erstellen möchte, in dem ich unterschreibe, welche Kompetenzen mein Coachee hat. Der Prozess der Kompetenzenbilanz ist so abgestimmt, dass kein Schritt darin überflüssig ist und jeder Schritt notwendig. Nur wenn ich all diese Schritte beachte als Coach, werde ich am Ende eine schriftliche Kompetenzenbilanz schreiben können. Coaches neigen möglicherweise dazu, sich ihre eigenen Strukturen zu bilden, auf Coachees und deren Bedürfnisse einzugehen und so den Prozess umzugestalten. Wenn man am Ende des Prozesses ein halbstandardisiertes Dokument erstellen muss, dann kann man sich solche Ausflüge nicht erlauben. Das macht die schriftliche Bilanz bei manchen Coaches unbeliebt. Manche Coaches schreiben auch nicht gerne oder scheuen sich, ihren Coachees dieses »Gutachten« am Ende des Prozesses zu übergeben, weil sie denken, sie würden sich dann über die Coachees stellen und diese von oben herab beurteilen. Wenn man jedoch die oben geschilderten Punkte beachtet, geschieht dies nicht. Der weit überwiegende Teil von befragten Coachees schätzt die schriftliche Bilanz sehr. Hierzu zum Schluss abermals einige Äußerungen.

> »Ja … das ist natürlich etwas sehr Persönliches. Aber wenn man das dann so liest, und ja, es steht so da … man wird schon ein bisschen stolz. Wenn man das so schwarz auf weiß lesen kann,

ohne dass man es selbst geschrieben hat. Das muss man … es baut das Selbstvertrauen sicher auf.«

»Ich habe mich da sehr gut wiedergefunden. Da sind auch manche Aspekte, die ich beim Durchlesen wiedererkannt habe, die hatte ich schon wieder vergessen. Es ist ja schon ein paar Wochen her, davon mal ganz abgesehen. Aber es trifft eigentlich genau die Sache, die ich mit meinem Coach durchgesprochen habe, was wir erarbeitet und wirklich penibel aufgeschrieben haben. Wunderbar, da finde ich mich genau so wieder, wie wir es besprochen haben. Da war nichts, wo ich gesagt hätte, das hat mein Coach falsch verstanden oder geht völlig daneben, das passte im Prinzip genau auf den Punkt, die ganzen Sachen sind dabei. Insofern wirklich eine sehr gute Zusammenfassung von dem, was wir in unseren Gesprächen gemacht haben.«

Der unmittelbare praktische Nutzen eines solchen Dokuments mag einigermaßen beschränkt sein. Wenige werden die schriftliche Bilanz an Arbeitgeber schicken, viele jedoch bereiten sich mit der schriftlichen Bilanz auf Bewerbungsprozesse vor, empfinden das Dokument als wertschätzende Abrundung des Prozesses. Darüber hinaus endet der Prozess nicht mit einem Zettelkram, Fotodokumentationen, Pinnwänden, auf denen Kompetenzen verzeichnet sind, sondern alles ist gut lesbar aufgeschrieben. Überdies ist es eine Art Follow Up für den Prozess. Wie wir der obigen Äußerung entnehmen können: Die Inhalte werden schnell vergessen, die Coachees werden ein paar Wochen nach Ende des Prozesses noch einmal daran erinnert, wer sie sind, was sie können und was sie wollen.

Hier ein Beispiel für eine Kompetenzenbilanz:

Personenbeschreibung

Berufliches Handeln und Verhalten wird beeinflusst durch individuelle Erfahrungen; Werteinstellungen, Interessen und Erwartungen prägen Benjamin Weiß' Person und tragen sein grundlegendes Arbeitsverhalten.

Person

Benjamin Weiß[4], 38 Jahre alt, ist bei der Sportevent GmbH in unterschiedlichen Funktionen als Projektmanager/-verantwortlicher tätig.

Herrn Weiß' Person ist in hohem Maße geprägt von seiner Offenheit gegenüber anderen Menschen und neuen Situationen. Diesem Drang konnte er schon früh in seiner Biografie nachgehen, als er für die letzten Schuljahre nach London ging und dort sechs Jahre lang blieb, um nach der Schule auch sein Studium in International Business/Marketing und Personalwesen zu absolvieren. Auch lernte und zeigte er hier, dass er sich sehr gut selbst organisieren kann.

Nach seiner Zeit in London kehrte Benjamin Weiß nach Deutschland zurück und begann bei Sportevent GmbH zu arbeiten. Außerdem spielte Benjamin Weiß viele Jahre aktiv in der 2. Handball-Bundesliga.

Besondere Leuchtturmprojekte in seiner Tätigkeit bei Sportevent GmbH, mit der er sich sehr stark identifiziert, waren z. B. die Mitwirkung bei der Organisation der Leichtathletik-Jugend-EM 2010 und seine Tätigkeit im Ticketing-Bereich. Hier war ein Leuchtturmprojekt die Implementierung neuer Ticketing-Systeme mit Kooperationspartnern. Seit 2019 leitete er eine entsprechende Abteilung im Unternehmen.

Seine berufliche Karriere war immer wieder davon geprägt, neue Herausforderungen anzunehmen. Das begann mit dem Schritt weg von der Universität hin zum Wirtschaftsbetrieb und setzte sich dann in der beruflichen Laufbahn fort. In seiner beruflichen Entwicklung konnte sich Herr Weiß insbesondere an zwei Personen gut orientieren, die ihn als Führungskräfte auch für sein eigenes Führungshandeln jeweils auf ihre Art und Weise geprägt haben.

Nebenberuflich arbeitet Benjamin Weiß als Trainer und Coach für junge Sportler:innen.

Seit 2016 ist Benjamin Weiß Vater und lebt mit seiner Partnerin und den beiden gemeinsamen Kindern in Leipzig, hier ist er tief verwurzelt in Beruf und Familie. Seine Frau ist ebenfalls berufstätig, was Herrn Weiß Freiheiten gibt, nicht um jeden Preis in Vollzeit

---

4 Name und Details erfunden

arbeiten zu müssen, wodurch er auch z. B. an intensive Weiterbildung denken kann.

Als zentrale Werte nennt Benjamin Weiß die bereits erwähnte Offenheit für neue Dinge und seine Autonomie und Eigenverantwortung. Außerdem ist es ihm wichtig, Vorbild und dabei mit sich so im Reinen zu sein, dass er als Vorbild auch authentisch sein kann. Im Umgang mit anderen sind ihm Offenheit und Ehrlichkeit von zentraler Bedeutung.

Situation

Herr Weiß hat die Kompetenzenbilanz begonnen, weil er sich kurz vor seinem vierzigsten Geburtstag in einer Situation befindet, in der er eine Zäsur sieht: Möchte er den eingeschlagenen Weg bewusst weiterverfolgen oder will er noch einmal eine größere Veränderung herbeiführen?

Das Unternehmen möchte ihn gerne halten, es stellt sich für Herrn Weiß jedoch die Frage, ob sich hier genügend Entwicklungsmöglichkeiten ergeben.

Herr Weiß möchte sich auch gerne mit Fortbildungsthemen, etwa zum Thema Führung, beschäftigen. Auch sein Französisch möchte er verbessern und zudem Spanisch lernen.

Herr Weiß fühlte sich in letzter Zeit in der Rolle als Führungskraft mit disziplinarischer Verantwortung teilweise überlastet. Ihm wurde vom Arbeitgeber ermöglicht, in Teilzeit zu arbeiten und die Kompetenzenbilanz zu nutzen, um eine Standortbestimmung vorzunehmen und hiervon ausgehend die nächste Zeit im Unternehmen zu planen.

Kompetenzbereiche

Die beruflichen und privaten Lebenssituationen in Benjamin Weiß´ Biografie stellten ihn vor verschiedene Anforderungen, für deren Bewältigung die Entwicklung und der Einsatz von Kompetenzen erforderlich waren. Im Folgenden werden die wesentlichen Schwerpunkte in den vier verschiedenen Kompetenzbereichen aufgeführt:

Personale Kompetenzen
Herr Weiß ist **sehr leistungsbereit.** Es ist ihm wichtig und macht ihm Spaß, seine Leistungsmöglichkeiten effektiv einzusetzen. In jeder seiner Lebensstationen hat er diese Leistungsbereitschaft gezeigt. Diese Eigenschaft von ihm selbst möchte er immer auch als Motivator und Vorbild weitergeben.

Eine weitere wichtige Kompetenz ist für Herrn Weiß seine **Innovationsbereitschaft.** Es macht ihm große Freude, sich mit neuen technischen Möglichkeiten auseinanderzusetzen und mit der Frage, wie man mit diesen zukunftsorientiert arbeiten und dabei alle Beteiligten ins Boot holen kann, um innovative Projekte zu ermöglichen.

Soziale Kompetenzen
Herr Weiß spielt sich mit anderen Menschen in sozialen Situationen gerne gegenseitig den Ball zu – er möchte das nicht als sportliche Metapher verstanden wissen, sondern meint damit, dass er sich in Situationen wohlfühlt, in denen er **auf sein Gegenüber eingehen** kann, den kommenden Impuls aufnehmen und dann wiederum angereichert durch eigene Gedanken oder **Anregungen zurückgeben** kann. In beruflichen Situationen gelingt ihm das ganz besonders in großen Präsentationen, auf die er sich mit seinem Team sehr gut vorbereitet und in denen es auch um sehr viel geht. In solchen Situationen, aber auch in alltäglichen Führungssituationen freut es Herrn Weiß, wenn er **andere begeistern** kann, indem er ihnen die größeren Zusammenhänge der Projekte vermittelt.

Fachliche Kompetenzen
Herr Weiß verfügt über breite und tiefe Kenntnisse im gesamten »**Sportbusiness**«. Seine kaufmännischen Kenntnisse und seine Erfahrungen im Bereich **Ticketing** ermöglichen ihm, komplexe Projekte, die sowohl **organisatorische als auch technische Herausforderungen** in sich tragen, zu leiten. Er kennt die Zusammenhänge der **Systeminfrastruktur des gesamten Sporteventbereichs** seit langem. Seine internationalen Erfahrungen und nicht zuletzt seine **vertieften Englischkenntnisse** ermöglichen es ihm auch, im internationalen Kontext zu arbeiten.

Methodische Kompetenzen
Herr Weiß ist in hohem Maße in der Lage, **eigenverantwortlich zu arbeiten** und für die eigenen Tätigkeiten Verantwortung zu übernehmen. Dabei ist es ihm wichtig, auch Meinungen anderer einzuholen und mit einem breiten Fundus an Informationen dann Entscheidungen zu treffen und diese auch konsequent zu verfolgen. In seinen Rollen als Projektverantwortlicher kam dies immer wieder zum Tragen.

Herr Weiß ist außerdem sehr **diszipliniert, denkt analytisch und hinterfragt Dinge gerne kritisch,** um auf dieser Basis dann neue Ideen und dann künftige Projekte daraus zu entwickeln. Auch diese Kompetenz möchte er ebenfalls gerne in den kommenden Jahren weiter einsetzen.

KAPITEL 3

Rolle der Coaches und Varianten des Karrierecoachings

3.1 Rolle der Coaches

3.1.1 Zwischen Prozessbegleitung und Experte

Über die Rolle von Coaches ist in anderen Büchern schon viel geschrieben worden. Und es gehört mittlerweile zum Allgemeinwissen, was Coaching ist und in groben Zügen auch, welche Rolle Coaches einnehmen: Coaching ist ein Sammelbegriff für unterschiedliche Beratungsformen, die Menschen dabei unterstützen, eine eigene Lösung für eine überwiegend beruflich bedingte Fragestellung zu entwickeln.

Es gibt diverse Ansprüche an Coaching und an Kompetenzen von Coaches, die jeweils in wissenschaftlichen Publikationen formuliert sind oder auch von Coaching-Verbänden bestimmt werden, um das berufliche Profil von Coaches zu schärfen, überdies auch ein Distinktionsmerkmal zwischen von Verbänden zertifizierten Coaches und Coaches ohne qualifikatorischen Nachweis. Denn Coaching ist in Deutschland ein nicht geschützter Begriff. In den vergangenen Jahren gab es immer wieder aufflammende Diskussionen darüber, ob der Coaching-Begriff geschützt werden sollte, um die Qualität von Coaching zu erhöhen. Dieser Anspruch klingt ehrenvoll – es ist aber nicht ganz klar, ob sich dahinter nicht auch kommerzielle Interessen verbergen, die schlicht die eigenen Qualifizierungsansätze als Gatekeeper für die Berufsbezeichnung Coaching etablieren wollen. Es ist ein weites Feld, das hier nicht ausführlich diskutiert werden soll.

An dieser Stelle soll es um die etwas spezielle Rolle gehen, die Kompetenzenbilanz-Coaches einnehmen.

Warum ist diese Rolle speziell? Die Kompetenzenbilanz ist ein stark strukturierter Prozess. Wer die einzelnen Schritte der Kompetenzenbilanz verinnerlicht hat, wird merken, dass die einzelnen Prozessschritte ineinandergreifen und kaum Raum dafür besteht, etwas an der Reihenfolge oder den Inhalten zu ändern. Wer Erfahrungen mit diesem Prozess gemacht hat, wird zudem feststellen, dass diese starke Struktur keine Einschränkung darstellt, sondern sogar den gegenteiligen Effekt haben kann: Sie schafft Sicherheit und Freiheit.

Mein Bild hierfür ist immer die Musik. Wenn Musiker zusammenspielen und einen gemeinsamen Takt und eine gemeinsame Akkordfolge spielen, dann können über dieser Struktur sehr frei Improvisationen gespielt werden. Genauso ist es im Coaching mit der Kompetenzenbilanz: Der Prozess steht – das Gespräch darüber ist frei.

Die Rolle der Kompetenzenbilanz-Coaches kann sich über den Prozess auch verändern. Die folgende Grafik von Kubr (1986) verdeutlicht einige mögliche Rollen während des Coachings.

Mögliche Rollen des Beraters							
stimuliert Reflexion	Prozess-Spezialist	erhellt Sachverhalte	entdeckt Alternativen	unterstützt Problemlösung	Trainer/ Ausbilder	Fachmann für …	Anwalt
Klient							Berater
Non-direktiv			Ebenen der Berateraktivität im Problemlösungsprozess				Direktiv
wirft Fragen auf, die zum Nachdenken anregen	Prozessbeobachtung und Begleitung, gibt Gelegenheit für Feedback und Evaluation	sammelt relevante Daten und regt die Auseinandersetzung damit an	sucht nach Alternativen, Ressourcen und hilft bei deren Bewertung	schlägt Alternativen vor, hilft, zu einer Entscheidung zu kommen	trainiert den Klienten und plant dessen Weiterentwicklung (Lerngelegenheiten)	stellt Wissen zur Verfügung und etabliert eine bestimmte Vorgehensweise	stellt Regeln und Richtlinien auf, führt Methoden ein und lenkt den Problemlösungsprozess

Beraterrollen (nach Kubr 2002)

Bezogen auf die Kompetenzenbilanz können wir folgende Zuordnungen treffen:

- Biografische Sammlung: Hier werfen Kompetenzenbilanz-Coaches lediglich Fragen auf und stimulieren Reflexion.

- Lebensprofil: in der biografischen Arbeit sind Kompetenzenbilanz-Coaches Prozessspezialisten.
- Fertigkeiten analysieren, Kompetenzen erarbeiten und belegen: Hier sammeln Kompetenzenbilanz-Coaches Informationen und regen die Auseinandersetzung damit an. Es wird außerdem dabei geholfen, diese zu bewerten, und Kompetenzenbilanz-Coaches entdecken in dem Sinne Alternativen, dass sie gemeinsam mit dem Coachee nach Begriffen für dessen Kompetenzen suchen und diese als Alternativen zu den bisherigen Selbstinterpretationen vorschlagen.
- Nächste Schritte – Kompetenzenbilanz-Coaches unterstützen auch bei der Problemlösung, schlagen Alternativen vor und »hilft, zu einer Entscheidung zu kommen«.

Die drei weiter rechts angesiedelten Rollen spielen im Kompetenzenbilanz-Coaching keine Rolle.

3.1.2 Die Haltung der Coaches

Die Haltung von Coaches sollte getragen sein von dem Wunsch, den Coachees bei ihrer Suche nach Orientierung behilflich zu sein. Die Coaches geben den Coachees keine Lösung vor, sondern helfen ihnen dabei, die für sie passende Lösung selbst zu finden. Sie helfen ihnen als kritisch reflektierender Spiegel dabei, die Lösung oder manchmal vielleicht auch nur ihre Konturen selbst zu erkennen.

Nun kann es Situationen geben, in denen man in der Rolle als Coach gefordert wird. So kann z. B. der Fall eintreten, dass Menschen im Coaching sich Kompetenzen zuschreiben, die man ihnen als Coach nicht zuschreiben möchte. Oder aber sie entscheiden sich für einen Weg, den man als Coach nicht für gut befindet oder ein schlechtes Gefühl dabei hat, die Person in ihrer Entscheidung zu unterstützen.

Carl Rogers hat in der personenzentrierten Gesprächstherapie eine Grundhaltung von Therapeuten skizziert, die sich sehr gut auf Coaching-Kontexte übertragen lässt. Demnach sollten Coaches den Coachees positive Wertschätzung entgegenbringen, sie sollten emphatisch sein und sie sollten authentisch sein.

1. Positive Wertschätzung
2. Empathie
3. Authentizität

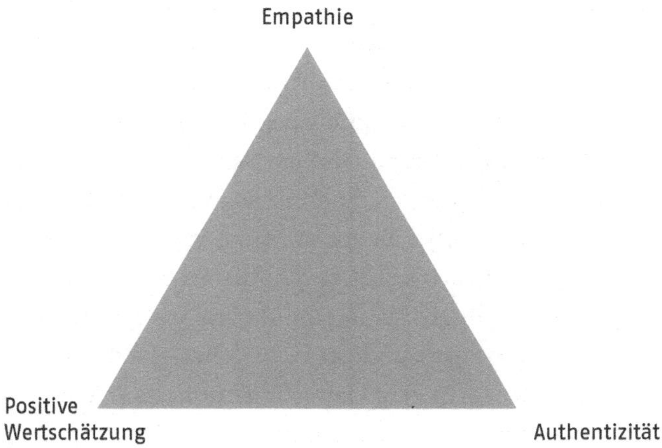

Die Coaching-Haltung (modifiziert nach Carl Rogers)

Diese drei Aspekte sollten im Coachingprozess immer ausgewogen bleiben und geben einen guten Orientierungsrahmen für das oben geschilderte Dilemma. Wenn ich als Coach ausschließlich positiv wertschätzend und emphatisch auf Einlassungen der Coachees reagiere, verletze ich mitunter das Gebot, authentisch zu sein, wenn ich als Coach spüre: Hier denkt oder plant ein Coachee etwas, das nicht dem Bild entspricht, das ich über die Gespräche vom ihm gewonnen habe.

Ich halte auch Sätze wie »Ratschläge sind Schläge« für weitaus übertrieben. Und auch hier hilft das Roger'sche Dreieck, um – auch in Übereinstimmung mit den oben skizzierten Beraterrollen nach Kubr – einen sinnvollen Weg für das eigene Handeln zu finden. Selbstverständlich soll Coaching Hilfe zur Selbsthilfe sein, und natürlich geht es im Coaching darum, dass Coachees selbst auf Lösungen kommen. Mitunter haben aber auch Coaches eine Idee für nächste Schritte, für berufliche Optionen, die die Coachees ergreifen könnten. Auch hier würde man das Gebot der Authentizität verletzen, wenn man sich eher die Zunge abbeißen als einen Vorschlag machen würde. Mögen Ratschläge Schläge sein – aber Vorschläge sind es ganz gewiss nicht, und man gestaltet möglicherweise einen künstlichen Prozess, wenn man die eigenen Assoziationen zu den Zukunftsplänen der Coachees unterdrückt.

Dieser Punkt ist insofern etwas heikel, als er von den Coaches erfordert, eine Grenze zu ziehen zwischen dem, was tolerierbar ist, und dem, was der eigenen Verantwortung entsprechend rückgemeldet werden sollte. Vielleicht kann man sich durch das Konstrukt des »offensichtlich und gravierend falschen Selbstbildes, das zu deutlichen negativen Konsequenzen für den Klienten führen kann« behelfen. Zentral ist auch hierbei die Ausrichtung am Wohl des Klienten. Es geht nicht darum, sich selbst zu profilieren als jemand, der den anderen gründlich »durchschaut« und dessen »rote Knöpfe« aufgespürt hat – das würde ganz und gar nicht dem Geist der Kompetenzenbilanz entsprechen. Es geht vielmehr darum, aus den Informationen, die im Rahmen der drei Sitzungen zur Verfügung gestellt werden, diejenigen herauszufiltern, die nicht zu dem Bild passen, das der Klient vermittelt, und dies dann behutsam und respektvoll anzusprechen.

Ein Ausdruck der Verantwortung, die die Coaches ihren Klienten gegenüber haben, sei hier – obwohl er eigentlich selbstverständlich sein sollte – der Vollständigkeit halber noch aufgeführt: Die Coaches verpflichten sich mit der Übernahme des Coachingauftrages zum strikten Stillschweigen über die im Rahmen der Gespräche und der schriftlichen Materialien erhaltenen Informationen. Innerhalb eines persönlich erteilten Auftrags ist dies nahezu niemals ein Problem. Sobald ein Coach jedoch von einem Auftraggeber bezahlt wird, der nicht der Coachee ist, muss dies umso deutlicher ausgesprochen werden, da man sich in einem Dreiecksverhältnis befindet. Auch wenn der Auftraggeber dem Coach volle Handlungsfreiheit gibt, muss der Coach dem Coachee in einem Dreiecksverhältnis unbedingt ausdrücklich die Verschwiegenheit zusichern können und diese auch deutlich aussprechen.

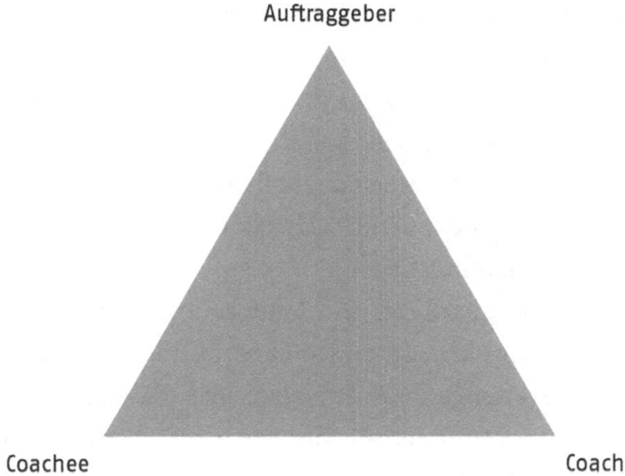

Die Coaching-Situation

Anders als bei standardisierten Verfahren sind in der Kompetenzenbilanz die Rolle und das Selbstverständnis des Coaches wesentlich für die erfolgreiche Durchführung der Kompetenzenbilanz. Das Thema der Selbstreflexivität des Coaches lässt sich am einfachsten anhand von Leitfragen verdeutlichen, die für die Coaches während des ganzen Prozesses wesentlich sind und zur Reflexion des eigenen Handelns beitragen können:

1. Welche Kompetenzen schreibe ich der Person zu und welche können wir tatsächlich im Gespräch anhand von Beispielen belegen?
2. Inwieweit kann ich den Prozess der Kompetenzenbilanz lenken?
3. Steuere ich das Gespräch oder der/die Teilnehmer:in?
4. Welche Aussagen kann ich tatsächlich verbindlich treffen und wo konstruiere ich etwas hinzu?
5. Habe ich den Werdegang der Person tatsächlich verstanden oder deute ich Entwicklungsmuster hinein, die so evtl. nicht zutreffen?
6. Habe ich die Tätigkeiten der Person tatsächlich verstanden, sodass ich sie auch einem Dritten erklären könnte?

3.1.3 Coaches als dynamischer Bestandteil des Prozesses

Es wird deutlich, dass das Verständnis der Coaches als dynamischem Bestandteil nicht dazu dienen soll, der vollständigen Subjektivität Vorschub zu leisten. Vielmehr soll dieses Verständnis dazu verhelfen, die Grenzen der Kompetenzenbilanz in ihrer Objektivität zu verstehen und außerdem den Coach dazu anhalten, das eigene Vorgehen beständig zu hinterfragen.

Die Grenzen des Coachings und damit auch die Grenzen der Kompetenzenbilanz sind klar: Dort, wo es nicht mehr um die zentralen Stärken und Begabungen von Personen und die damit zusammenhängenden Prozesse und Entwicklungen geht, ist die Grenze des auf die Kompetenzenbilanz bezogenen Coachings erreicht.

Die Struktur der Kompetenzenbilanz ist deswegen so klar formuliert, um Orientierung und Hilfe im Prozess des Coachings zu geben. Ihre Logik definiert verhältnismäßig eindeutig, wo die inhaltlichen Grenzen des Beratungsprozesses liegen.

Auch im Rahmen des durch die Kompetenzenbilanz definierten Beratungsprozesses können die Coaches auf vielerlei Grenzen stoßen, die sich aus den individuellen Bedürfnissen und Entwicklungen ihrer Klienten ergeben. Was sollte man z. B. mit einem Klienten anfangen, der zu wenig Material liefert, um den Prozess zu einem wirklich produktiven Ende zu führen? Wie sehr sollte man ihn dazu drängen, das Material zu vervollständigen? Grundsätzlich sollte im Rahmen des Coachings möglichst kein Druck aufgebaut werden, um den Klienten zu einem gewünschten Ergebnis zu bringen.

Hier werden grundlegende ethische Fragen tangiert (wie z. B. die Freiheit des Anderen), die wir für die Kompetenzenbilanz folgendermaßen beantworten: Zunächst betrachten wir jeden Klienten als mündig in dem Sinne, dass er oder sie dazu fähig ist, für sich selbst Verantwortung zu übernehmen. Diese Fähigkeit ist bei den meisten Menschen in dem einen oder anderen Bereich eingeschränkt, in dem sie hinter ihren theoretischen Möglichkeiten zurückbleiben – das kann z. B. bei einem sehr stark von der Realität (begriffen als gemeinsam geteiltes Konstrukt dessen, was wir erleben und erfahren) abweichenden Selbstbild oder einer deutlich »fehlerhaften« Einschätzung der Realität der Fall sein. Selbstverantwortung ist kein theoretisch gedachtes Konstrukt, sondern ein in der tätigen Übernahme ständig aktualisiertes Handlungsprinzip. Um den Bogen wieder zu schließen und nicht zu sehr zu theoretisieren: Menschen sind in unterschiedlichem Maße dazu befähigt, die Verantwortung für sich selbst zu übernehmen. Dort, wo wir begründete und auch gegenüber Dritten begründbare Zweifel daran haben, dass der Klient in einem bestimmten Bereich diese Fähigkeit in angemessenem Maße hat, dort liegt es wiederum in unserer Verantwortung als Coach und Berater, den Klienten durch kluges Fragen dazu zu bringen, sein Bild von der Realität zu überdenken und gegebenenfalls – aber das liegt wiederum in der unveräußerbaren Verantwortung des Klienten – zu modifizieren.

3.2 Varianten

3.2.1 Gleiche Struktur – unterschiedliche Kontexte

Der Ansatz der Kompetenzenbilanz lässt sich in zahlreiche unterschiedliche Kontexte tragen, in denen Menschen sich in beruflichen Umbruchsituationen befinden.

Die Methodik und die darunter liegende psychologische Wirklogik lassen Adaptionen zu, die den Umständen angepasst sind, dabei aber nicht das Grundgerüst der Kompetenzenbilanz verlassen. Dieses Grundgerüst besteht immer aus den Wirkprinzipien Erleben, Erkennen, Wollen, Machen. In Interventionsschritte übersetzt: Biografisches Arbeiten, Tätigkeiten analysieren, Kompetenzen erarbeiten und belegen. Nächste Schritte erarbeiten.

Selbstverständlich kann man nicht in jedem Setting die gleichen Methoden anwenden.

So entstanden im Laufe der Jahre seit Entwicklung der Kompetenzenbilanz zahlreiche unterschiedliche Arbeitsblätter mit Variationen dieser Schritte, die manchmal etwas leichtgängiger und kürzer sind oder sich mit Hilfe eines Leitfadens für die Arbeit in Gruppen besser eignen als andere. Ausgebildete Kompetenzenbilanz-Coaches passen zudem die entwickelten Methoden immer wieder auf ihre Bedarfe und die Bedürfnisse ihrer Klient:innen an.

Einige Beispiele, in denen der Ansatz der Kompetenzenbilanz in adaptierter Form Anwendung findet:

1. Karrierecoaching in der Gruppe
2. Berufsorientierung für Jugendliche
3. Coaching für Menschen mit Migrationshintergrund
4. Personalentwicklung
5. Standortbestimmung für Teams

Die Methode der Kompetenzenbilanz wurde schon ausführlich dargestellt, deshalb an dieser Stelle zu den einzelnen Anwendungsfeldern nur jeweils ein paar Anmerkungen.

3.2.2 Karriereocaching in der Gruppe

Aus zeit- und finanzökonomischen Gründen gibt es immer wieder den Bedarf und die Anfrage, ob es nicht möglich ist, Karrierecoaching auch in der Gruppe anzubieten. Wir sehen hier sehr viele solcher Angebote, die die beschriebene Methodik verwenden, im Hochschulkontext oder an Forschungsinstitutionen. Zur beruflichen Orientierung von Studierenden, Absolventen und Postdocs wird der Ansatz der Kompetenzenbilanz zwar auch als Einzelcoaching angeboten, aber eben auch häufig als Workshopangebot. Sowohl interne als auch externe Coaches führen diese Workshops durch. Wie oben beschrieben, folgen auch diese Workshops immer einem ähnlichen Muster und adaptieren mitunter die Methoden der Kompetenzenbilanz aus dem Einzelcoaching leicht. Auch hier steht also Biografische Arbeit am Anfang, dieser schließt sich eine Analyse von Tätigkeiten an, es werden Kompetenzen erarbeitet und am Ende nächste Schritte.

Wie lassen sich diese Schritte nun in den Gruppenkontext übersetzen? Grundlegend hierfür ist, dass Karrierecoaching in der Gruppe auf einen Peer-Coaching-Ansatz setzt. Als Coach oder Trainer hat man in diesem Setting die Rolle eines Facilitators: Es geht darum, Übungen anzuleiten und zu supervidieren, es ist aber nicht möglich, in die einzelnen Prozesse inhaltlich einzusteigen.

Die Teilnehmer:innen eines solchen Workshops erhalten Anleitungen für die Selbstreflexion, anschließend eine Art Interviewleitfaden für das Gespräch mit einer anderen Person in der Gruppe, und zum Abschluss jeder Einheit findet ein Erfahrungsaustausch in der Großgruppe statt. Inhalte (z. B. aus der Biografie oder zu einzelnen Kompetenzen) werden jedoch ausschließlich in den Gesprächsdyaden besprochen und nicht in die Gruppe getragen.

Ein beispielhafter Workshopablauf für ein Gruppencoaching:

09.00 h – Begrüßung, Ablauf, Vorstellungsrunde – Alle Teilnehmer:innen sagen, mit welcher Fragestellung sie in den Workshop gekommen sind.

09.30 h – Biografische Sammlung – Alle Teilnehmer:innen erarbeiten die Biografische Sammlung für sich selbst. Anschließend Austausch in der Gruppe.

10.15 h – Lebenslinie – Alle Teilnehmer:innen fertigen eine vereinfachte Form des Lebensprofils an, eine Lebenslinie, in der chronologisch wichtige Lebensereignisse aus den unterschiedlichen Lebensbereichen aufgezeichnet werden.

10.45 h – Pause

11.00 h – Besprechung der Lebenslinie mit einem Peer – Es bilden sich Peer-Coaching-Paare, die sich gegenseitig ihre Lebenslinien »erzählen«.

12.30 h – Mittagspause

13.30 h – Fertigkeitenanalyse – Beispielhaft analysieren die Teilnehmer:innen 1–2 Tätigkeitsbereiche und analysieren diese hinsichtlich ihrer Fertigkeiten.

14.30 h – In Einzelarbeit führen die Teilnehmer:innen diese Analyse fort und stellen die Ergebnisse davon ihrem Gesprächspartner im Anschluss vor.

15.15 h – Pause

15.30 h – Kompetenzen – Anhand einer Liste von Kompetenzbegriffen geben sich die Peers jeweils gegenseitig ein Feedback darüber, welche Kompetenzen sie aufgrund der bisherigen Arbeit in ihrem Gesprächspartner erkennen. Im Dialog einigen sich die Gesprächspartner auf acht Kernkompetenzen. Zu jeder Kernkompetenz werden zwei

Merksätze aufgeschrieben: Was meine ich damit? Mit welchem Beispiel kann ich diese Kompetenz belegen?

16.45 h – Pause

17.00 h – Ziele und nächste Schritte – Vor dem Hintergrund des Erarbeiteten wird die Eingangsfragestellung noch einmal besprochen. Anhand des Aktionsplans werden im Dialog nächste Schritte erarbeitet und aufgeschrieben.

17.45 h – Abschlussrunde – Alle Teilnehmer:innen stellen ihre Ergebnisse im Plenum noch einmal vor.

18.15 h – Ende

Es ist selbstverständlich, dass an einem Tagesworkshop und in einem Peer-Coaching-Setting nicht dieselben tiefen Reflexionen angestoßen werden wie in einem mehrwöchigen Prozess, in dem die Coachees ihre Reflexionen in den Alltag tragen und in mehrstündigen Hausaufgaben die jeweils mehrstündigen Coaching-Sitzungen vor- und nachbereiten.

Im Gruppensetting findet ein Anstoß zur Reflexion statt, der zuweilen durch ein Einzelcoaching-Angebot im Fortgang ergänzt wird.

3.2.3 Beratung von Menschen mit Migrationshintergrund

Menschen mit Migrationshintergrund haben einen besonderen Bedarf an Karrierecoaching. Der biografische Bruch der Migration bedeutet für viele Menschen einen Verlust zahlreicher Bezugssysteme. Neben der Muttersprache sind dies auch die familiären, sozialen und beruflichen Bezüge. Je nach Herkunftsland und Anlass der Migration kann dieser Verlust unterschiedlich schwer wiegen. Klar ist jedoch, dass die strukturellen Veränderungen in der Arbeitswelt für Menschen mit Migrationshintergrund in besonderem Maße zutreffen. Diese Gruppe ist besonders stark darin gefordert, mit sich ändernden Rahmenbedingungen zurechtzukommen und vor dem Hintergrund dieser veränderten Umwelt die eigenen Kompetenzen zu erkennen und darzustellen. Zwar gibt es mit dem Anerkennungsgesetz ein Instrument, um im Herkunftsland erworbene Kompetenzen in Deutschland anerkennen zu lassen, doch steigen trotzdem die meisten Migrant:innen unter ihrem Qualifikationsniveau in den Arbeitsmarkt ein und tun sich mitunter über Jahre oder sogar über die ganze Spanne ihrer Erwerbstätigkeit hin schwer, eine Tätigkeit auf dem Niveau zu erreichen, wie sie es aus der Zeit vor der Migration kannten.

Dies gilt freilich nicht für solche Menschen, die gezielt für eine hochqualifizierte Stelle nach Deutschland eingewandert sind.

In den vergangenen Jahren hat sich viel im Bereich der beruflichen Anerkennung von im Ausland erworbenen Qualifikationen getan. Doch auch bei einer verbesserten Anerkennungslage bestehen weitere Probleme in der beruflichen Orientierung, die eben auf den oben angesprochenen Verlust zahlreicher kultureller und somit auch kompetenzbezogener Zusammenhänge gründen.

In der Beratung von Menschen mit Migrationshintergrund bzw. der Entwicklung von Methoden stellt sich neben den genannten Herausforderungen noch folgendes Problem: Die beratenden Institutionen verfügen über äußerst unterschiedliche Zeitbudgets und unterschiedlich gut qualifiziertes Personal für die Beratung ihrer Klienten. Zudem können die Fragestellungen der Klienten aufgrund ihrer Herkunft und auch ihres kulturellen Hintergrunds zum Teil äußerst unterschiedlich ausfallen.

Vor dem Hintergrund der Kompetenzenbilanz und der im vorliegenden Buch dargestellten Wirkungsforschung wurde im Rahmen des IQ-Netzwerks (Integration durch Qualifizierung) vom regionalen Netzwerk migraNet beauftragt in Kooperation mit drei weiteren Trägern (GAB – Gesellschaft für Ausbildungsforschung und Berufsentwicklung, Tür an Tür Integrationsprojekte und dem Verein für Interkulturelle Arbeit Bayern – VIA e.V.) eine Variante der Kompetenzenbilanz entwickelt, das diesen Problemen Rechnung trägt, die »KomBI-Laufbahnberatung – Kompetenzorientiert, Biografisch, Interkulturell«.

Ausführlich werden die Ergebnisse in einem gleichnamigen Buch (Bauer u. Triebel 2011) dargestellt.

Die KomBI-Laufbahnberatung arbeitet mit Arbeitsblättern in einfachem Deutsch. Die Arbeitsblätter wurden zudem in weitere Sprachen übertragen.

Die KomBI-Laufbahnberater:innen wurden darin geschult, kompetenzorientierte Prozesse nicht nur als längere Coachings oder als vollständige Workshops anzubieten, sondern auch kompetenzorientierte kürzere Beratungsgespräche durchführen zu können. Auch ein einstündiges Gespräch kann schließlich einen biografischen Einstieg haben, dann zu einer konkreten Besprechung der zurückliegenden Tätigkeiten führen, von dort aus zentrale Kompetenzen beleuchten und schließlich auf die Vereinbarung nächster Schritte hinauslaufen.

Ein besonderer Fokus liegt bei der Beratung von Menschen mit Migrationshintergrund immer auf zwei Aspekten bzw. Fragestellungen:

1. Kann eine Kompetenzfeststellung auch weniger sprachlastig gestaltet werden als in der Kompetenzenbilanz?
2. Gibt es besondere kulturelle Unterschiede bei Klient:innen zu beachten?

Zu 1) Kompetenzen festzustellen ist das eine – ein Karrierecoaching zu machen das andere. Die Kompetenzenbilanz ist ein Coaching-Verfahren. Coaching ist ein Gesprächsformat. In der Kompetenzenbilanz werden Menschen dazu befähigt, ihre eigenen Erfahrungen, Werte, Motive und Kompetenzen in Worte zu fassen. Für alle Coachees, auch Muttersprachler, ist dieser Prozess eine Art Sprachtraining. Man lernt eine Sprache, mit der man die eigenen Kompetenzen formulieren kann. Insofern ist es schlicht nicht möglich, ein Karrierecoaching sprachfrei oder mit wenig Sprache anzubieten. Allerdings kann der Zugang zu Materialien erleichtert werden, wenn diese in einfache Sprache übersetzt sind. Auch Ansätze, in denen Muttersprachler:innen das Coaching angeboten haben oder aber im Gruppensetting Muttersprachler miteinander als Peer-Coaches arbeiten konnten, haben sich bewährt.

Zu 2) Es ist sehr komplex, diese Frage zu beantworten. Schnell geht man dabei eigenen kulturellen Vorurteilen auf den Leim und landet unter Umständen bei »Bedienungsanleitungen« für Menschen aus unterschiedlichen Kulturen. Ich will mich an dieser Stelle gar nicht über Kulturkategorien oder Kulturklischees verbreiten. Denn eine Liste davon, welche Menschen aus welchen Kulturen unter Umständen unterschiedlich auf die hier dargestellten Ansätze reagieren könnten, würde leicht ein ganzes Buch für sich füllen und dabei doch die individuellen Bedürfnisse der Menschen übergehen. Die KomBI-Laufbahnberatung hat ein Weltbild, das individuelle Entfaltung fördert. Insofern kann man sie als eurozentristisch bezeichnen. Es gibt Kulturen, in denen diese individuelle Entfaltung einen geringeren Stellenwert einnimmt als in einer mitteleuropäisch geprägten Kultur. Hierfür jedoch eigene Instrumentarien innerhalb der KomBI-Laufbahnberatung zu schaffen, hätte das Verfahren deutlich überfordert. So steht im Zentrum der Qualifizierung von KomBI-Laufbahnberater:innen im Hinblick auf die Frage nach dem adäquaten Umgang mit kulturellen Unterschieden die interkulturelle Sensibilisierung der Coaches.

Das Projekt KomBI-Laufbahnberatung endete 2019 mit dem Ende der Förderung durch das Bundesministerium für Bildung und Forschung. Bis dahin wurden öffentlich gefördert viele KomBI-Laufbahnberater:innen in ganz Deutschland fortgebildet, die weiterhin mit der Methodik arbeiten.

3.2.4 Schüler und Jugendliche

Schüler und Lehrlinge haben einen besonderen Bedarf nach beruflicher Orientierung. Schüler und Lehrlinge benötigen einerseits eine Unterstützung in dem Prozess der Berufswahl, andererseits können sie mit Hilfe einer kompetenzorientierten Vorgehensweise in gewissem Maße lernen, ihre eigene Zukunft als durch eigenes Entscheiden und Handeln formbar wahrzunehmen.

Da die Kompetenzenbilanz sehr stark biografisch arbeitet, stoßen wir bei Jugendlichen auf eine Herausforderung: Jugendliche haben eben noch keine lange Biografie, die sie auswerten könnten. Und sie interessieren sich auch nur bedingt für ein großes reflexives Panorama darüber, wie sie sich in den vergangen 15 Jahren entwickelt haben und was die Gründe hierfür waren.

Es interessiert Jugendliche also meist nicht so sehr, welche Entwicklungen in der eigenen Biografie zu der aktuellen Situation geführt haben, vielmehr geht es ihnen meist darum, Entwicklungsaufgaben möglichst gut zu bewältigen und einen Einstieg in eine Ausbildungskarriere zu finden, einen Erstjob zu ergreifen.

Vor dem Hintergrund dieser Überlegungen sollte potenzialorientiertes Karrierecoaching für Jugendliche die folgenden Inhalte behandeln:

Inhalte

1. Ergründen und Beschreiben der eigenen Interessen
2. Erkennen der eigenen Stärken
3. Formulieren von nahen und fern liegenden Zielen
4. Ableiten eines konkreten Projekts, in welchem die Jugendlichen einem ihrer Ziele näherkommen können
5. Projektarbeit, in der Erfahrungen gemacht werden, die für die weitere Entscheidungsfindung ausgewertet werden können
6. Auswertung der Erfahrungen im Projekt und ggf. Korrektur der zuvor gesetzten Ziele
7. Information über mögliche Berufsfelder
8. Abgleich eigener Stärken und Interessen mit den Anforderungen des angestrebten Berufsfelds
9. Abgleich eigener Interessen mit der Beschaffenheit des angestrebten Berufsfelds

Dies ist der idealtypische Verlauf, der wöchentliche zweistündige Sitzungen umfasst, die sich über mehrere Monate hinziehen und auch eine Projektphase beinhalten.

Dieses Vorgehen erhielt den Titel »Kompetenzwerkstatt« und war über Jahre in Tirol, Rheinland-Pfalz und Teilen Bayern an vielen Schulen verbreitet. Wir haben die Unterlagen hierzu unter eine Creative Commons Lizenz gestellt, um die weitere kostenfreie Verbreitung der Vorgehensweise zu ermöglichen.

Der Ablauf der Kompetenzwerkstatt:

Im Gegensatz zur Kompetenzenbilanz, die innerhalb von vier Wochen durchführbar ist, wird die Kompetenzwerkstatt im Idealfall mit wöchentlichen Terminen über einen Zeitraum von ca. vier Monaten durchgeführt.

Es sind auch Tagesworkshops möglich, diese enthalten dann natürlich keine Projektphase. Hier der lange Ablauf mit Projekt:

Vorbereitungsphase
Die Vorbereitungsphase beinhaltet biografisches Arbeiten, eine Darstellung der eigenen Stärken und das Erarbeiten der nahen und fernen beruflichen und privaten Ziele. Aus diesen Zielen erarbeiten die Jugendlichen ein Projekt, welches sie in Bezug auf ein Ziel oder einen Aspekt eines Ziels weiterbringt.

Projektphase
Die Projektphase ist ein Praxisteil, in dem Jugendliche ein für sie persönlich wichtiges, interessantes und nicht leicht durchzuführendes Projekt planen und durchführen. Projekte können einzeln oder in der Gruppe entworfen und durchgeführt werden. Mögliche Projekte sind etwa: einen Infostand zu einem wichtigen Thema machen, ein Praktikum machen, ein Fest zu einem bestimmten Thema organisieren – irgendeine gemeinsame Aktion also, an der man allein oder mit mehreren teilnimmt und in der man nicht nur passiv Informationen konsumiert, sondern tatsächlich etwas tut. Idealerweise sollte das Projekt einem Interesse entsprechen, das man in der Vorbereitungsphase identifiziert hat.

Nachbereitungsphase
Die Nachbereitungsphase dient der Auswertung und Bewertung des durchgeführten Projekts. Im Mittelpunkt stehen dabei die Fragen, was die Jugendlichen im Projekt in Bezug auf ihre eigenen Ziele gelernt haben, welche eigenen Stärken sie erkannt haben, aus welchen Fehlern sie lernen konnten, in welcher Weise sich die Ziele verändert haben, welche neuen Projektideen sie haben und welche Schlüsse sie aus diesem Prozess für ihre weitere Ausbildungs- und Berufswahl ziehen.

Jugendliche sollen also nach der Teilnahme an der Kompetenzwerkstatt in der Lage sein, berufliche Entscheidungen bewusst zu treffen und zu wissen, warum sie ein bestimmtes Berufsfeld anstreben und was sie dazu in die Lage versetzt, in dieser Branche tätig zu werden. Sie sollen lernen, für ihr Ziel zu argumentieren, indem sie gegenüber sich selbst, aber auch anderen gegenüber belegen können, warum sie eine bestimmte Entscheidung treffen.

Insofern unterscheidet sich die Kompetenzwerkstatt erheblich von herkömmlichen Berufsberatungsprozessen. Den Jugendlichen soll nicht ein Angebot verschiedener Berufsmöglichkeiten unterbreitet werden, vielmehr sollen sie in diesem Prozess die Möglichkeit haben, ihre Erfahrungen im Umgang mit der Arbeitswelt für sich selbst besser zugänglich und damit hinterfragbar zu machen.

Bei der Durchführung an Schulen sind die Rückmeldungen der durchführenden Lehrer nach anfänglicher Skepsis den vermeintlich altbekannten Ideen gegenüber in der Regel ausgesprochen positiv. Die Kompetenzwerkstatt fordert von den Lehrern einen Rollenwechsel im Sinne des Coachingprinzips, nämlich dass der Coach Experte für den Prozess, nicht aber für dessen Lösung ist. Die Erfahrung dieses zunächst mit Misstrauen betrachteten Prinzips scheint für die Lehrer eine entlastende Wirkung zu haben. Winkelmann (2009) konnte in einem an der TU Dresden durchgeführten Forschungsprojekt nachweisen, dass dieser Rollenwechsel im Hinblick auf das Belastungserleben von Lehrern eine präventive Funktion hat. Denn aus einem systemischen Blickwinkel ändert sich nicht nur die Rolle der Lehrer, sondern auch die der Schüler: Sie werden durch die Struktur und die Methoden der Kompetenzwerkstatt dazu angeregt, eigenverantwortlich zu handeln und sich in Zweiergruppen intensiv miteinander auszutauschen.

Wie die Kompetenzenbilanz wurde die Kompetenzwerkstatt in ihrer Anwendung wissenschaftlich begleitet und evaluiert. Die Ergebnisse der gesammelten Evaluationsstudien zeigen, dass die teilnehmenden Jugendlichen von den Übungen im Hinblick auf die Formulierung ihrer Berufswahl deutlich profitieren. Die Ergebnisse zeigen, dass die Methoden der Kompetenzwerkstatt zum großen Teil gut nutzbar sind; in Abhängigkeit von der Nutzergruppe wurden allerdings sprachliche Anpassungen vorgenommen (so wurde z.B. das Handbuch von Hauptschullehrern überarbeitet). Die betreuenden Lehrer äußern nach Durchführung der Kompetenzwerkstatt häufig ihre Überraschung darüber, wie selbständig die Schüler im

Rahmen der vorgegebenen Struktur arbeiten. Auch in sog. Brennpunktklassen zeigen sich die Lehrer über das unvermutet große Interesse der Jugendlichen oft überrascht. Die Jugendlichen heben besonders die Beschäftigung mit den eigenen Stärken und die eigenverantwortliche Arbeit an einem persönlich sinnvollen Projekt hervor. Sie geben nach der Kompetenzwerkstatt an,

1. mehr über ihre Stärken zu wissen als zuvor,
2. aus dem Projekt etwas gelernt zu haben, was ihnen auch später noch nützt,
3. sich im Verlauf der Kompetenzwerkstatt konkrete Ziele gesetzt zu haben,
4. genauer zu wissen, welchen Beruf sie ergreifen möchten,
5. durch die (beruflichen) Zukunftsaussichten weniger belastet zu sein und weniger Angst vor der Zukunft zu haben,
6. und rund 90 % der teilnehmenden Jugendlichen würden die Kompetenzwerkstatt anderen Jugendlichen weiterempfehlen.

3.2.5 Personalentwicklung

»Zu den Hauptaufgaben […] von Personalarbeit wird es gehören, einerseits zuverlässiges Wissen um die Kompetenzen der Mitarbeiter zu erheben und gleichzeitig die proaktive individuelle Weiterentwicklung dieser Kompetenzen zu fördern. Damit wird einerseits die Flexibilität der Unternehmen gefördert, die Mitarbeiter entsprechend ihrer Kompetenzen einsetzen zu können. Andererseits wird damit auch die Flexibilität der Mitarbeiter erhöht, da sie über ein aktualisiertes Wissen der eigenen Kompetenzen verfügen und im Sinne der Erhöhung ihrer Beschäftigungsfähigkeit (…) lernen, sich proaktiv weiterzuentwickeln.« (Lang-von Wins 2009, S. 270).

Diese Sätze schrieb mein geschätzter und inzwischen verstorbener Freund und Kollege Thomas Lang-von Wins im Jahr 2009, und sie treffen nach wie vor und mehr denn je zu. Unternehmen, die sich darum kümmern, dass Mitarbeiter:innen ihre eigenen Kompetenzen kennen und diese ihren Kompetenzen gemäß einsetzen, profitieren.

New Work und New Learning tragen dieser Anforderung Rechnung. Die konventionelle Personalarbeit und Personalentwicklungsarbeit, die eher angebots- und katalogorientiert Fortbildungs- und Entwicklungsangebote über die Mitarbeiter:innen gießt, hat ausgedient.

Potenzialorientierte Personalarbeit muss Mitarbeiter:innen mit ihren Kompetenzen in den Mittelpunkt stellen. New Learning stellt Reflexion, Empowerment und Potenzialorientierung ins Zentrum der Aufmerksamkeit für das Kuratieren von Lern- und Entwicklungsangeboten.

Maßnahmen, die auf den Stärken der Mitarbeiter:innen aufsetzen, kennt die Personalentwicklung noch immer kaum. In den Betrieben herrscht also, ähnlich wie im Weiterbildungsbereich, eine Philosophie des »normativen Qualifizierens« vor, die ihre Bedarfe an den Anforderungen einer vordefinierten Norm ausrichtet. Diese Vorgehensweise bleibt implizit erhalten – auch wenn Weiterbildungsbedarfe konkret mit dem Vorgesetzten besprochen werden. Die bisherige Erfahrung zeigt, dass im Tagesgeschäft kaum Zeit für eine sorgfältige Ableitung von individuellen Weiterbildungswünschen der Mitarbeiter:innen bleibt, die z. B. im Rahmen der regelmäßigen Zielvereinbarungsgespräche besprochen werden könnten.

Die Kompetenzenbilanz stellt die Perspektive desjenigen Menschen, der sie durchläuft, in den Mittelpunkt. Neben dem für die einzelne Person gleichbleibenden Wert, der sich aus der stärkenorientierten Auseinandersetzung mit der eigenen Biografie ergibt, lassen sich auch konkrete Nutzenaspekte für das Unternehmen erwarten, das in seiner Personalarbeit potenzialorientiert vorgeht.

1. Eine kompetenzorientierte Bestimmung der Stellenanforderungen ermöglicht eine adäquate Auswahl von geeigneten Personen für das Unternehmen.
2. Aufgrund eines an Kompetenzen orientierten Sollprofils werden Entwicklungspotenziale unmittelbar transparent. Personen können gezielt bezüglich ihres Könnens gefördert und eingesetzt werden.
3. Mitarbeiter:innen sind nach einem kompetenzorientierten Karrierecoaching besser als zuvor in der Lage, eigenverantwortlich zu

handeln. Ein Nutzen, der sowohl für das Individuum als auch für das Unternehmen hohen Wert hat.

4. Durch eine Feststellung der Kompetenzen der Mitarbeiter:innen gewinnt das Unternehmen Planungssicherheit bezüglich mittelfristiger personeller und strategischer Entscheidungen.

Eine Möglichkeit, eine kompetenzorientierte Vorgehensweise nutzenbringend für die Entwicklung und Orientierung von bestimmten Mitarbeitergruppen einzusetzen, besteht darin, das Angebot von Lern- und Entwicklungsassessment-Centern abzurunden. In Entwicklungsassessment-Centern werden aufgrund ihrer bisherigen Entwicklung vielversprechende Mitarbeiter auf die Übernahme von Führungsaufgaben vorbereitet. Dabei werden durch eine interaktive Rückmeldung von Stärken und Schwächen Lern- und Entwicklungsprozesse angestoßen und letztlich ein Entwicklungsprogramm erarbeitet.

Das Ziel von Entwicklungsassessment-Centern liegt im Gegensatz zu den auswahlbezogenen Assessment-Centern nicht in der punktuellen Feststellung von vorgegebenen Eignungsmerkmalen, sondern darin, Kompetenzen zu erkennen und Entwicklungsempfehlungen zu erarbeiten. Bei der Fragestellung der Entwicklungsassessment-Center liegt eine klare Verwandtschaft zu dem Ansatz der Kompetenzenbilanz auf der Hand: Sie ist von ihrer Ausrichtung her eine ideale Ergänzung der Entwicklungsassessment-Center, da sie durch die intensive Einbeziehung des Klienten eine hohe Verbindlichkeit bezüglich des Ergebnisses erzeugt. Außerdem sind von einer kompetenzorientierten Laufbahnberatung Prozesse zu erwarten, die durch die bewusste Reflexion des eigenen Lebens- und Arbeitskontextes deutliche positive Wirkungen auf die Produktivität und die weitere Entwicklung der Teilnehmer haben.

Die Verbreitung von Lern- und Entwicklungsassessment-Centern hat in den vergangenen 25 Jahren deutlich zugenommen. Damit gewinnt die betriebliche Personalentwicklung eine Richtung, die im Sinne des Mitarbeiters eine konstruktive Auseinandersetzung mit seinen Entwicklungsbedarfen und -potenzialen in den Mittelpunkt stellt. Ein kompetenzorientiertes Vorgehen in der Personalentwicklung ist die ideale Herangehensweise, um diese Richtung weiter zu verstärken. Darüber hinaus stellt sie eine hervorragende Ergänzung der herkömmlichen Lern- und Entwicklungsassessment-Center dar.

Eine weitere Möglichkeit, wie die Kompetenzorientierung die Praxis der betrieblichen Personalentwicklung nachhaltig bereichern kann, betrifft die individuelle Weiterbildungsplanung. Gerade vor dem Hintergrund, dass Verfahren zur arbeitsplatznahen Personalentwicklung in den kommenden Jahren weiter an Bedeutung gewinnen werden, bietet sich eine Verwendung der Kompetenzenbilanz an. Im Rahmen der »Personalentwicklung-on-the-job« gewinnt die Arbeit in kleinen Projekten an Bedeutung, die für die Mitarbeiter:innen die Möglichkeit bietet, Verantwortung zu übernehmen und sich in kleineren Kontexten weiterzuentwickeln. Der Gedanke dieser in den Arbeitsprozess einbezogenen Formen beruflicher Weiterqualifizierung folgt den Konzepten der modernen pädagogischen Psychologie, die individuelle Lernprozesse in den Mittelpunkt stellt. Eine Kompetenzenbilanz kann bei den Mitarbeiter:innen zu einer Öffnung für eine Weiterentwicklung im Rahmen kleiner Projekte führen, die die Mitarbeiter auch selbst vorschlagen und initiieren. New Work und New Learning sind hierfür aktuelle und treffende Schlagworte, die durch Ansätze wie die Kompetenzenbilanz gestützt werden können.

3.2.6 Teamentwicklung

Auch in Teamentwicklungsprozessen ist der Ansatz der Kompetenzenbilanz enorm fruchtbar. Wesentlich für die Formierung eines Teams ist es, dass es neben der gemeinsamen Aufgabe auch ein geteiltes Verständnis davon entwickelt, wie und auf welche Weise jeder dazu beitragen kann, das gemeinsame Ziel zu erreichen. Wenn sich nicht alle Mitarbeiter bisher von der direkten Zusammenarbeit her kennen, kann das intensive gegenseitige Kennenlernen einen Schwerpunkt eines kompetenzorientierten Seminars bilden. Besonders gute Erfahrungen haben wir in diesem Zusammenhang mit der Lego Serious Play-Methode gemacht. In einem ganztägigen Workshop bauen die Teammitglieder ihre individuellen Kompetenzen der

Struktur der Kompetenzenbilanz folgend aus Legosteinen in einem gemeinsamen Modell zusammen. Hierdurch entsteht sehr intensive Kommunikation, ein Verständnis für die eigenen Stärken, für die Stärken der anderen und dafür, was das Team gemeinsam zu leisten willens und in der Lage ist.

Aber auch ohne Legosteine kann im Sinne eines Teamworkshops die Kompetenzenbilanz für diese genannten Effekte sorgen.

KAPITEL 4

Das Ende der Berufe

Das Konzept vom Beruf fürs Leben hat ausgedient. Auch wenn es das Bedürfnis nach dem einen Beruf, mit dem man sein Leben lang seinen Lebensunterhalt verdienen wird, bei vielen Menschen noch gibt, ist dieses nicht mehr erfüllbar. Selbst wenn es Berufsbezeichnungen gibt, die sich über die Zeit halten werden, so ist doch der jeweilige Inhalt dessen, was man tut, einem so starken Wandel unterworfen, dass die jeweils aktuelle Tätigkeit mitunter nur noch wenig mit dem zu tun hat, warum und womit man einen Job oder einen Beruf begonnen hat.

Das gilt selbst für sehr zeitstabile Berufsbilder. Die Corona-Pandemie hat uns rasant verdeutlicht, was alles möglich ist, wenn es nötig wird. Wer vor der Pandemie den Unterricht als Lehrer:in vorwiegend mit Tafelanschriften, Arbeitsblättern, Hausaufgaben und klar strukturierten Tagesabläufen bestritten hat, hatte plötzlich Notwendigkeit und auch Möglichkeit, das eigene Berufsbild radikal zu wandeln. Nur ein paar Beispiele aus diesem Bereich:

1. Moderationen vor der Kamera sind etwas völlig anderes als ein Monolog im Klassenzimmer.
2. Zwar fand der Schulunterricht in der Regel bis mittags statt, aber viele Lehrer:innen waren plötzlich rund um die Uhr per Mail oder MS Teams für Fragen von Schüler:innen erreichbar. Die gewohnte Routine, sich als Lehrer:in die Zeit außerhalb der Schule frei einteilen zu können, wurde völlig ruiniert.
3. Gruppenarbeiten sind online viel selbstverständlicher und einfacher zu organisieren als im Klassenzimmer.
4. Im Online-Unterricht wird Schüler:innen schnell klar: Content kann ich mir zwei Klicks organisieren. Wenn ich in Physik die

Hebelgesetze nicht verstehe, kann ich mir das Wissen darüber in einem hervorragenden 5-Minuten-Video auf YouTube anschauen. Den Lehrer brauche ich nicht mehr als Vortragenden, sondern als Coach und Begleiter in Lernfragen.

Mit einem Satz: Wer die Anforderungen der Corona-Pandemie wirklich ernst genommen hat, hat sowohl Technologie als auch Rollenverständnis als auch Tagesablauf des eigenen Lehrerberufs vollständig verändert.

Dieser Wandel konnte so radikal vollzogen werden, dass der Beruf von außen betrachtet nichts mehr mit der ursprünglich gelernten Form dieses Berufs zu tun hatte.

Wir wissen nicht, wie viele dieser Ad-hoc-Veränderungen sogleich beibehalten werden oder zeitweilig wieder rückgängig gemacht werden: Aber dass sich auch dieser zeitstabile Beruf des Lehrers innerhalb kürzester Zeit zumindest vorübergehend radikal verändern konnte, war für viele immer noch überraschend.

Kein Beruf wird in den kommenden Jahren davor verschont bleiben, sich radikal zu verändern. Inhaltlich, strukturell, äußerlich – in jeder Hinsicht. Nichts wird mehr bleiben, wie es war. Und dafür braucht es keine Pandemie – diese hat nur manche Entwicklungen beschleunigt und wie unter Laborbedingungen als eineinhalbjähriges Experiment zeitweilig vorweggenommen. Alles wird anders. Und wenn alles anders geworden sein wird, wird die Entwicklung damit nicht abgeschlossen sein. Denn dann wird es wieder anders werden. Berufe werden niemals wieder so zeitstabil werden, wie man es sich gerne vorstellen möchte.

Das Konzept der Berufe entstand durch die Zünfte im Mittelalter und war einer relativ schmalen Bildungselite vorbehalten, bis Industrialisierung, allgemeine Schulpflicht und Technisierung ab der Mitte des 19. Jahrhunderts für einen ungeheuren Aufschwung der Berufe sorgte, der sich ins 20. Jahrhundert hinein beschleunigte und erst dann seine ganze Macht entfaltete und dafür sorgte, dass breite Schichten der Bevölkerung Berufsabschlüsse erlangen konnten.

Berufliche Abschlüsse wird es auch weiterhin geben, und Bildung wird zur tatsächlich wichtigsten Währung der Zukunft werden.

Aber die Prognosekraft einer beruflichen Erstausbildung ist bereits in den vergangenen zwei Jahrzehnten erheblich erodiert und wird sich in den kommenden Jahren pulverisieren.

Damit wird Menschen einerseits die Last genommen, zu Beginn ihrer beruflichen Laufbahn nach »dem einen Beruf« zu suchen und sich für Jahre und Jahrzehnte auf ein Berufsbild festzulegen.

Auf der anderen Seite wird Menschen dadurch jegliche feste Perspektive bzgl. der Planbarkeit der eigenen beruflichen Zukunft genommen. Es gibt keine berufliche Planbarkeit mehr. Entscheidungen über die berufliche Zukunft werden immer wieder möglich und notwendig werden.

Klassische Berufsberatung orientierte sich an einem diagnostischen Passungsmodell: Auf der einen Seite standen berufliche Anforderungen und auf der anderen Seite Eigenschaften von Bewerbern, Jugendlichen, jungen Erwachsenen. Durch einen Abgleich dieser Passung konnte mit einiger Gewissheit vorausgesagt werden, wie erfolgreich eine Person in einem bestimmten Beruf sein würde.

Dieses Passungsmodell funktioniert nicht mehr. Berufe verschwinden zwar in der Regel nicht, aber insbesondere durch technologischen Wandel verändern sie sich doch kontinuierlich. Und es ist davon auszugehen, dass sich dieser Wandel in den kommenden Jahren und Jahrzehnten noch weiterhin beschleunigen wird.

Das Beratungsunternehmen Deloitte veröffentlichte 2020 eine Studie, in der fünf Megatrends für die Berufswelt im Jahr 2035 ausgemacht wurden (Deloitte 2020):

1. »Die Jobs der Zukunft erfordern Interaktion mit anderen Menschen sowie Empathie – und sind nur gering automatisierbar.
2. Das Wachstum der Jobs der Zukunft dürfte die Arbeitsplatzverluste überkompensieren.
3. Der Zuwachs an Jobs findet vor allem bei Gesundheits-, Bildungs- und Managementberufen statt.
4. Robotics und Data Analytics sind die Schlüsseltechnologien mit dem größten Impact.
5. Die Tätigkeiten von morgen – weniger Routine, mehr analytisches Denken und menschliche Interaktion.«

Diese Trends, die sich auch durch andere Studien, etwa durch das IAB – Institut für Arbeitsmarkt- und Berufsforschung der Bundesagentur für Arbeit – in ähnlicher Form bestätigen lassen, zeigen: Auch wenn in Alltagsdiskussionen immer wieder ein Trend zur Spezialisierung auszumachen ist, weisen doch die großen Linien darauf hin, dass die Zukunft den Generalist:innen gehört. Und denen, die überfachliche Kompetenzen wie Empathie oder Analysefähigkeit in unterschiedlichen Kontexten zum Einsatz bringen können. Darüber hinaus wird es zwei große Trends geben: Berufe, die mit der unmittelbaren Interaktion mit Menschen zu tun haben, und solche Berufe, die sich dafür eignen, neueste Technik zu beherrschen und anzuwenden. Menschen, die die Brücke zwischen beiden Welten, also zwischen Mensch und Technik schlagen können, werden auf dem Arbeitsmarkt besonders relevant sein. Wie jedoch ihre Tätigkeit genau aussehen wird, das wissen wir heute nicht.

Eine Gefahr, die tatsächlich in dieser durch die fünf Megatrends umrissenen Zukunft liegt, ist, dass Menschen mit geringerer Bildung in der Berufswelt der Zukunft wohl eine noch schwächere Position innehaben werden als heute schon. Auch wenn die Technisierung also einen Zuwachs an Jobs mit sich bringen kann, drohen diejenigen mit geringer Bildung auf der Strecke zu bleiben.

Was bedeutet dies für die Bildungslandschaft?

Bildung wird nicht an Wert verlieren – ganz im Gegenteil. Aber, wie bereits gesagt wurde, Bildungsabschlüsse werden hinsichtlich eines bestimmten Aspekts an Wert verlieren: Bildungsabschlüsse werden künftig in zweierlei Hinsicht weniger prognostische Validität haben. Zum Ersten wird man nicht mehr durch die Tatsache, dass man eine Ausbildung hat, eine Art Garantie haben, lebenslang und ohne Unterbrechung in Beschäftigung zu sein. Nur ein kurzer Vergleich: Im Jahr 1900 kamen 18 Studierende auf 10 000 männliche Einwohner. Frauen studierten ohnehin noch nicht. Seit 2016 erreichen über 20 % eines Geburtsjahrgangs einen akademischen Abschluss. Im Jahr 1900 war ein akademischer Abschluss selbstverständlich eine lebenslange Garantie dafür, einer gehobenen Schicht anzugehören. Heute ist das nicht mehr so.

Lebenslanges Lernen ist in einer sich schnell verändernden Welt unabdingbar. Zum Zweiten werden Ausbildungs- und Studiengänge nur noch eine ungefähre Richtung für die spätere berufliche Tätigkeit vorgeben. Die tatsächliche Erwerbstätigkeit bildet sich mitunter nur noch zum Teil darin ab, was man in Ausbildung oder Studium gelernt hat.

Wissen und Kompetenzen wurden schon immer informell erworben. Aber informell erworbene Kompetenzen haben in einem Ausmaß wie nie zuvor Auswirkungen auf beruflichen Erfolg und berufliche Zufriedenheit. Ich schreibe bewusst Erfolg **und** Zufriedenheit, denn in diesem Buch und im Ansatz einer kompetenz- und potenzialorientierten Karriereberatung ist Erfolg ohne Zufriedenheit nicht erstrebenswert. Und nur ein Erfolg, der zu den eigenen Kompetenzen passt, hat das Potenzial, glücklich zu machen. Wobei sowohl Glück als auch Erfolg in der flexibilisierten Arbeitswelt vermutlich nicht von großer Dauer sind. Sobald der Flicken erfolgreich an das Patchwork der eigenen Biografie geheftet wurde, kann es sein, dass durch äußere Veränderungen die Notwendigkeit entsteht, sich nach einem neuen Flicken umzusehen. Und wenn es nicht äußere Veränderungen sind, so sind es immer wieder innere Beweggründe oder auch biografische Ereignisse, die den Anlass dafür schaffen, die eigene Biografie aktiv weiter gestalten zu wollen. Im Lebensprofil sehen wir die Befindenskurve – diese ist so gut wie immer wellenförmig. Bei gesunden Menschen geht es aus einem Tal immer wieder nach oben, und leider geht es nach einem Hoch immer wieder auch bergab. Die Gesamtschau dieser Hügel und Täler zu einem großen Ganzen zu integrieren – dazu kann die Kompetenzenbilanz in einer bestimmten Phase einen Beitrag leisten. Es ist eine Lebensaufgabe für den modernen Menschen, mit den äußeren und inneren Notwendigkeiten immer wieder aufs Neue umzugehen und aus den Wandlungen der eigenen Biografie eine stimmige Gestalt zu formen. Der Wunsch nach dem einen Beruf, die Vorstellung, es könne einen solchen geben, kann ein fundamentales Hindernis dafür sein, die Biografie aktiv zu gestalten. Er kann zu einem Warten auf den einen richtigen Moment werden, auf eine Vision davon, wie die eigene Zukunft aussehen soll, auf die Berufung zu einem Ziel, das man auch wirklich und unbedingt und aus kompromisslosem innerem Drang heraus verfolgen will. Ja, es gibt solche Single-purpose-Biografien. Aber oft nehmen auch diese erst in der Rückschau ihre scheinbar konsequent auf ein Ziel ausgerichtete Gestalt an und lagen im Moment ihres Werdens weit weniger vorgezeichnet vor diesen jeweiligen Personen, als es von außen scheinen mag.

Ich denke, die Konzentration darauf, einen Beruf ergreifen zu wollen, birgt viel Unzufriedenheitspotenzial. Auch dass als Arbeit oder Tätigkeit nur gelten sollte, was Geld bringt oder erheblich zum Lebensunterhalt beiträgt, blendet viele Aspekte der Identität aus, die aber mitunter sehr zentral sein können.

Ich selbst wollte niemals einen Beruf haben. Das ist mir auch geglückt. Ich habe mein eigenes Patchwork an Identitäten bislang aus unterschiedlichsten Bereichen zusammengesucht: Ich habe jeweils bereits den Löwenteil meiner Zeit damit verbracht, Musik zu machen, Bücher zu schreiben, als Coach tätig zu sein und Coaches auszubilden, Wissenschaftler und Professor zu sein oder ein Unternehmen zu gründen und Mitarbeiter zu haben. Mein Einkommen habe ich nicht immer mit der Tätigkeit erzielt, die mich am meisten beschäftigt hat. Immer wieder bin ich selbst auch auf der Suche danach, wie ich meine Erwerbsarbeit in Zukunft ausrichten möchte, und es hat mir selbst unglaublich geholfen, immer wieder auch Teile der Kompetenzenbilanz mit mir selbst zu machen. Befreiend war für mich immer wieder die Erkenntnis, dass eine Tätigkeit sehr erfüllend sein kann, auch ohne dass man durch diese einen erheblichen oder gar überwiegenden Anteil des Einkommens erzielt. Es ist sehr schwer, mit Büchern so viel Geld zu verdienen, dass man eine sechsköpfige Familie damit ernähren kann. Dennoch kann man den Anspruch erheben, professionell Bücher schreiben zu wollen und dies auch tun und als wesentlichen Teil der Identität in das eigene Leben integrieren. Ebenso ist es mit der Musik. Man kann leidenschaftlich, regelmäßig und auch auf hohem Niveau Musik machen, ohne damit seinen Lebensunterhalt zu verdienen. Dadurch ist man noch kein Berufsmusiker und kann auch nicht unbedingt mit dem Niveau von diesen mithalten, aber es kann dennoch sehr erfüllend sein, sich sehr eingehend und eben auch auf hohem Niveau mit Musik als Leidenschaft zu beschäftigen. Auch Coaches sind häufig nicht 100 % ihrer Tätigkeit mit Coaching befasst, sondern haben eine Mischkalkulation hinsichtlich ihrer Tätigkeiten. Ich selbst bin in meinem bisherigen Weg niemals nur dem Prinzip der Profitmaximierung gefolgt, sondern habe mich teils in Richtungen bewegt, in die es mich gezogen hat, und teils mich abgestoßen von Tätigkeiten, die ich nicht mehr ertragen konnte. So stellte ich zum Beispiel irgendwann fest, dass ich nie mehr in meinem Leben auch nur in Teilzeit angestellt sein möchte, und gab meine Tätigkeit als Professor auf.

Diese Gedanken, am eigenen Beispiel vorgeführt, mögen elitär klingen, so soll es aber nicht sein. Auch wer an der Supermarktkasse sitzt, hat Leidenschaften und Kompetenzen, die viel weitreichender sind, als viele es dieser Person im achtlosen und eiligen Vorübergehen geneigt sind zuzuschreiben. Auch sie verfügt über das Potenzial, unterschiedliche Rollen in ihrem Leben innezuhaben. Wir sollten diese Person nicht auf ihre Rolle an der Supermarktkasse reduzieren. Diese Person hegt vielleicht eine Leidenschaft für einen bestimmten Sport, für die Familie, fürs Tanzen, fürs Reisen, finanziert mit diesem Job eine Ausbildung, kennt sich in einem bestimmten Film- oder Musikgenre aus oder ist ganz oben auf der Bestenliste eines Computerspiels zu finden. Wir sollten frei davon sein, die Leidenschaften, Potenziale und Kompetenzen zu werten und auf ihr Marktpotenzial zu reduzieren. Sie sind Teil der Identität des Menschen und als solche zu achten und zu pflegen. Und es gilt sie zuallererst einmal überhaupt zu erkennen.

Aristoteles verwendete wie viele andere Philosophen den Begriff der Eudaimonie. Es gibt viele Abhandlungen und Bücher darüber, was mit dem Begriff der Eudaimonie gemeint ist. Hier stark verkürzt: Eudaimonie bedeutet für Aristoteles ein gutes Leben und eine gute Betätigung, die sowohl im Einklang mit dem Gemeinwohl als auch mit den eigenen Begabungen und Interessen und in gewissem Ausmaß auch unabhängig von materiellen Aspekten verfolgt und verwirklicht werden können.

Die Erlangung von Eudaimonie ist nach Aristoteteles Ziel und Zweck jeden Lebens. Auf dem Weg zur Eudaimonie mit der Kompetenzenbilanz einen Beitrag leisten zu können, ist mir als demjenigen, der diesen Ansatz entwickelt hat, eine große Ehre, eine Aufgabe und ein hohes Gut. Und dieser Tätigkeit als Coach nachzugehen ist sehr erfüllend und bereichernd für alle Beteiligten. Und wer sich ohne Coach auf den Weg macht, die eigenen Kompetenzen zu ergründen, leistet ebenfalls eine wichtige Aufgabe: denn Ressourcenverschwendung ist unmoralisch. Ob es sich dabei um Wasser, saubere Luft oder eigene Kompetenzen handelt. Es ist eine vornehme Aufgabe, sich mit Ressourcen und deren Nutzbarkeit zu beschäftigen – ganz unabhängig davon, ob es sich um die Ressourcen anderer oder um die eigenen handelt.

Dazu kann ich nur ermutigen: Es ist in jeder Hinsicht sinnvoll und sinnstiftend.

Literatur

Bauer, H. & Triebel, C. (2011). KomBI-Laufbahnberatung – Kompetenzorientiert, biografisch, interkulturell. Augsburg: Tür an Tür Integrationsprojekte gGmbH.

Chomsky, N. (1972). Aspekte der Syntax-Theorie. Frankfurt a. Main: Suhrkamp.

Deloitte (2020). Die Jobs der Zukunft. Online-Quelle: https://www2.deloitte.com/de/de/pages/trends/jobs-der-zukunft-berufswelt-2035.html – Abruf 03. 12. 2021

Drucker, P. (1998). Die Praxis des Managements. Düsseldorf: Econ.

Epston, D. & White, M. (1990). Narrative Means to Therapeutic Ends. New York: W. W. Norton.

Erpenbeck, J. & von Rosenstiel, L. (2003). Handbuch Kompetenzmessung. Stuttgart: Schaeffer-Poeschel. S. XI.

Fischer-Rosenthal, W. & Rosenthal, G. (2007). Analyse narrativ-biographischer Interviews. In: Flick, U., von Kardorff, E. & Steinke, I. (Hrsg.), Qualitative Forschung. Ein Handbuch (5. Aufl., S. 456–468). Reinbek: Rowohlt.

Fugate, M., Kinicki, A. J. & Ashforth, B. (2004). Employability: A psychosocial construct, its dimensions, and applications. Journal of Vocational Behaviour, 65, 14–38.

Grawe, K. (2000). Psychologische Therapie. Göttingen: Hogrefe.

Heckhausen, H., Gollwitzer, P. M. (1987). Thought Contents and Cognitive Functioning in Motivational versus Volitional States of Mind. In: Motivation and Emotion. Band 11, Nr. 2, S. 101–120.

Gregoritsch, P., Kernbeiß, G., Timar, P., Wagner-Pinter, M. (2007): Bessere Arbeitsmarktpositionierung aufgrund einer Kompetenzenbilanz? Befunde aus einer kontroll-gruppenbasierten Wirkungsanalyse. Wien: Synthesis-Forschung.

Kirchhöfer, D. (2004). Lernkultur Kompetenzentwicklung. Begriffliche Grundlagen. Berlin: Arbeitsgemeinschaft Betriebliche Weiterbildungsforschung e. V., Projekte QUEM.

Krapp, A. (2007). An educational-psychological conceptualisation of interest. International journal for educational and vocational guidance, 7(1), 5–21.

Kubr, M. (2002). Management Consulting. A guide to the profession. (4th edition). Geneva: Bookwell Publications.

Lang-von Wins, T. (2009). Biografiegestützte Kompetenzdiagnose. In: Fax, W. G. & Auer, M. (Hrsg.), Talent. Kompetenz. Management (S. 265–284). Stuttgart: Steinbeis.

Lombardo, M. M., Eichinger, R. W. (1996). The Career Architect Development Planner (1st ed.). Minneapolis: Lominger.

McClelland, D. C. (1973). Testing for competence rather than for »intelligence«. American Psychologist, 28, 1–14.

Orlinsky, D. E., Grawe, K. & Parks, B. K. (1994). Process and outcome in psychotherapy. In: Bergin, A. E. & Garfield, S. L. (Hrsg.), Handbook of psychotherapy and behavior change, 4th ed. (pp 270–376). Oxford: Wiley.

Rogers, C. R. (1959). A theory of therapy, personality and interpersonal relationship as developed in the client-centered framework. In: Koch, S. (Ed.), Psychology: A study of science (vol. III, pp. 184–256). New York/London/Toronto: McGraw-Hill.

Rosenthal, G. (2002). Biographisch-narrative Gesprächsführung: Zu den Bedingungen heilsamen Erzählens im Forschungs- und Beratungskontext. Psychotherapie und Sozialwissenschaften, 4, S. 204–227.

de Shazer, S. (1985). Keys to solution in brief therapy. New York: Norton.

Triebel, C. (2009). Kompetenzbilanzierung als psychologische Intervention. Wirkfaktoren und Wirkprinzipien in Laufbahnberatung und Coaching. Dissertation an der Universität der Bundeswehr München. Online-Publikation: http://137.193.200.7:8081/doc/86279/86279.pdf. – Abruf: 03.12.2021

White, R. (1959) Motivation reconsidered: The concept of competence. Psychological Review, 66, 297–333.

Winkelmann, C. (2009). Möglichkeiten der Integration primärpräventiver Inhalte in die Lehrerbildung: Entwicklung und Erprobung eines Ressourcentrainings für angehende und berufstätige Lehrkräfte an berufsbildenden Schulen sowie eines Kompetenztrainings für das Berufsvorbereitungsjahr. Göttingen: Sierke.